黄河宁夏河段洪水冲淤特性研究

——以 2018 年洪水为典型

鲁　俊　梁艳洁　王小鹏　著

黄 河 水 利 出 版 社

·郑　州·

内 容 提 要

本书以河流动力学、河床演变为基础,采用现场调研、实测资料分析、数学模型计算等手段相结合的研究方法,分析历史洪水冲淤变化规律,重点分析2018年黄河上游洪水形成与演进过程、河道冲淤变化以及中水河槽变化,分析河道治理工程适应性,结合以往研究成果,论证提出有利于输沙的调控指标。

本书研究成果可供从事泥沙规律、河道治理等方面研究的科技人员及高等院校的有关师生参考。

图书在版编目(CIP)数据

黄河宁夏河段洪水冲淤特性研究:以2018年洪水为典型/鲁俊,梁艳洁,王小鹏著.—郑州:黄河水利出版社,2020.12

ISBN 978-7-5509-2889-3

Ⅰ.①黄… Ⅱ.①鲁…②梁…③王… Ⅲ.①黄河-河道冲刷-研究-宁夏 Ⅳ.①TV882.1

中国版本图书馆 CIP 数据核字(2020)第261164号

组稿编辑:李洪良 电话:0371-66026352 E-mail:hongliang0013@163.com

出 版 社:黄河水利出版社　　　　　　　　　网址:www.yrcp.com
地址:河南省郑州市顺河路黄委会综合楼14层　邮政编码:450003
发行单位:黄河水利出版社
发行部电话:0371-66026940、66020550、66028024、66022620(传真)
E-mail:hhslcbs@126.com
承印单位:广东虎彩云印刷有限公司
开本:787 mm×1 092 mm　1/16
印张:10
字数:231千字　　　　　　　　　印数:1—1 000
版次:2020年12月第1版　　　　　印次:2020年12月第1次印刷

定价:60.00元

前　言

　　黄河宁夏河段自中卫市南长滩翠柳沟至石嘴山市头道坎,全长 397.0 km,约占黄河总长的 1/14,流向由西向东转为南偏西再转为北偏东,境内河势差异明显,由峡谷段、库区段和平原段组成,河道形态复杂,水沙来源多,包括干流水沙、支流水沙,还有区间引退水沙和入黄风积沙。受其影响,宁夏河段河道冲淤变化十分复杂,目前对河道冲淤规律的研究认识不够深入,比如在河床泥沙是否能够冲刷、冲刷流量需要多大等一些规律认识上还有不同意见。2018 年,黄河上游发生大流量长历时洪水,洪水持续时间约 3 个月,为 1985 年以来最大流量,持续的大洪水对河道冲淤演变具有重要影响,对河道冲淤规律研究而言,这是一次难得的"原型试验"。以 2018 年洪水为典型,深入剖析宁夏河段洪水冲淤特性显得十分有意义。

　　本书以河流动力学、河床演变为基础,采用现场调研、实测资料分析、数学模型计算等手段相结合的研究方法,系统全面地分析了宁夏河段干支流水沙特点、河道冲淤特征及历史洪水冲淤变化规律,重点分析 2018 年黄河上游洪水形成与演进过程、洪水泥沙来源组成、河道冲淤变化,对不同河段的河势变化及治理工程的适应性进行了评价。结合以往研究成果,根据不同水沙条件河道冲淤计算结果进行分析,论证提出了有利于宁夏河段输沙的水沙调控指标。

　　本书是作者在总结近年来研究成果的基础上完成的,全书主要内容及编写人员分工如下:第 1 章由鲁俊执笔;第 2 章由王小鹏、鲁俊执笔;第 3 章由王小鹏、梁艳洁、钱裕执笔;第 4 章由鲁俊、王小鹏执笔;第 5 章由鲁俊、王小鹏执笔;第 6 章由梁艳洁、鲁俊、段文龙执笔;第 7 章由梁艳洁、王小鹏、吴默溪执笔;第 8 章由梁艳洁、鲁俊、钱胜执笔;第 9 章由鲁俊执笔。全书由鲁俊统稿。

　　本书在研究过程中,得到了宁夏回族自治区水利厅李颖曼、宋天华等专家的指导,得到了黄河勘测规划设计研究院有限公司安催花、张厚军、罗秋实、张建、李保国、崔振华等多位专家的指导,在此表示衷心的感谢!

作　者

2020 年 10 月

目 录

第 1 章 绪 论

1.1 研究背景

黄河干流宁夏河段自宁夏中卫市南长滩翠柳沟入境,至石嘴山市惠农区头道坎麻黄沟出境(右岸平罗县陶乐镇都思兔河),穿越中卫、吴忠、银川、石嘴山4个地级市的11个市县(区),全长397.0 km,占黄河总长的1/14,流域面积5万 km²,属黄河上游下段。1986年龙羊峡水库投入运用,龙羊峡水库、刘家峡水库联合调度运用,显著改变了径流分配,同时由于自然条件的变化及沿黄引水的增加,宁夏河段来水量减少,特别是汛期水量减少。汛期洪峰流量锐减导致水沙关系不协调,使宁蒙河段淤积加重,主槽淤积萎缩,排洪能力下降,严重威胁防洪防凌安全,先后发生了6次凌汛决口和1次汛期决口,给沿河地区经济社会造成巨大损失。亟须开展宁蒙河段灾变原因、河道治理等研究工作,为宁蒙河段科学治理提供技术支撑。

2018年,黄河上游发生大流量长历时洪水,洪水持续时间约3个月,下河沿站9月28日16时42分洪峰流量3 540 m³/s,青铜峡站10月5日14时洪峰流量3 260 m³/s,均为1989年以来最大流量;石嘴山站10月7日17时洪峰流量3 500 m³/s,为1985年以来最大流量,持续的大洪水对宁蒙河段河道冲淤演变具有重要影响,就河道冲淤规律研究而言,这是一次难得的"原型试验"。研究2018年洪水冲淤变化对进一步认识宁蒙河段冲淤规律具有重要意义,研究成果可为上游洪水泥沙调度、河道治理和黑山峡河段工程开发论证提供技术支撑。

1.2 研究目标、内容、方法及技术路线

1.2.1 研究目标

分析2018年度黄河上游洪水形成与洪水调度过程,明确2018年黄河上游洪水泥沙来源与组成,研究宁夏河段2018年洪水冲淤变化规律,分析河道治理工程适应性与重要控制断面水位流量关系,结合历史洪水冲淤变化资料对比分析,论证提出有利于输沙、中水河槽恢复和维持的调控指标。

1.2.2 研究河段

研究河段重点是黄河流域上游宁夏河段,研究涉及龙羊峡、刘家峡等水库和黄河内蒙古河段。研究河段位置如图1-1所示。

图 1-1　研究河段位置示意图

1.2.3　研究内容

（1）结合历史资料和以往研究成果，选取 1981 年、2012 年等洪水年份对宁夏河道与库区冲淤进行剖析，总结评价宁夏河段洪水冲淤变化规律。

（2）分析 2018 年黄河上游洪水形成与演进特点，分析上游水库洪水调度过程及调度影响，研究洪水期泥沙来源与组成。

（3）分别采用输沙率法和断面法计算宁夏河段 2018 年洪水期冲淤量，研究河道纵向、横向冲淤变化和分组泥沙冲淤变化及中水河槽变化。

（4）结合宁夏河段河道整治工程建设情况，通过河势变化分析，研究宁夏河段河道整治工程的适应性，分析重要控制断面的水位流量关系。

（5）结合宁夏河段河道边界条件变化，完善数学模型，进行模型验证，选择典型洪水泥沙过程，开展多方案计算。

结合上述研究，论证提出有利于输沙的水沙调控指标。

1.2.4　研究方法与技术路线

以河流动力学、河床演变为基础，充分利用以往的研究成果，采用现场调研、实测资料分析、数学模型计算等手段相结合的研究方法，分析历史洪水冲淤变化规律，重点分析 2018 年黄河上游洪水形成与演进过程、河道冲淤变化以及中水河槽变化，分析河道治理工程适应性，结合以往研究成果，论证提出有利于输沙的调控指标，为上游洪水泥沙调度、河道治理和黑山峡河段工程开发论证提供技术支撑。

技术路线见图 1-2。

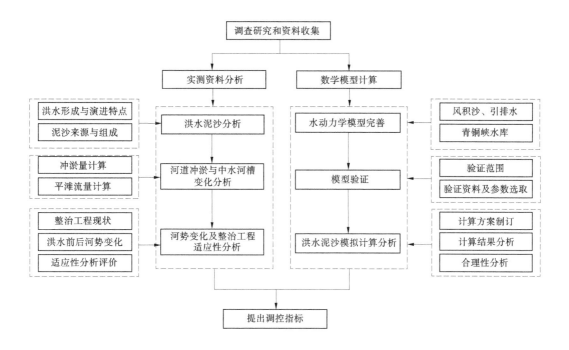

图 1-2　技术路线

1.3　主要研究成果

（1）研究了宁夏河段水沙与河道冲淤特性。宁夏河段水沙量具有年际变化大、年内分配不均的特点。1986 年以来进入宁夏河段干流的水沙量明显减少,水沙量年内分配比例发生明显变化,汛期水量、沙量所占比例均有所降低,有利于输沙的大流量过程减少。支流水沙没有明显的趋势性变化。宁夏河段年际有冲有淤、冲淤交替变化,多年冲淤基本平衡。漫滩洪水具有淤滩刷槽的特点,非漫滩洪水随着流量级的增大,20 kg/m³ 以下不同含沙量级的淤积效率不断减小,直至转为冲刷,含沙量 3 kg/m³ 以下、3~7 kg/m³、7~20 kg/m³ 由淤积转为冲刷的流量分别在 1 000~1 500 m³/s 流量级、1 500~2 000 m³/s 流量级、2 500~3 000 m³/s 流量级;含沙量大于 20 kg/m³ 时,以淤积为主。

（2）分析了 2018 年洪水成因,研究了洪水水沙与河道冲淤特点。2018 年西南暖湿气流与西风带弱冷空气多次在黄河上游交汇,造成 2018 年黄河上游降雨较往年明显偏多,在黄河上游形成了 3 次编号洪水。进入宁夏河段干流的洪水峰高、量大,为 20 世纪 90 年代以来最大,同期来沙量也大,且与干流洪峰过程不同步,主要集中在 7~8 月,该期间宁夏区间支流来水含沙量高达数百千克每立方米。采用输沙率法和断面法计算宁夏河段河道淤积量分别为 4 833 亿 t 和 4 886 亿 t。淤积主要发生在 7~8 月,沙峰过程遭遇干流中小流量过程,干支流水沙关系不协调,导致洪水期间宁夏河段整体发生淤积。

（3）分析 2018 年洪水期河势,研究了河道治理工程适应性。宁夏河段主要采取微弯治理与"就岸防护"治理等相结合的方式对河道进行了治理,目前下河沿至青铜峡河段整体河势正在朝着有利的方向转变,局部河段已基本稳定。青铜峡至石嘴山河段处于变化调整阶段,近期河势特别是局部河势仍然变化较大。选定整治工程靠河情况、弯道着溜长度、主流横向摆幅等指标,结合典型河段分析河道整治工程对洪水的适应性。与 2012 年相比,沙坡头坝下至仁存渡、仁存渡至头道墩河段整治工程靠河概率有较大幅度的提高,分别由 78.8%、50% 提高到 92.3%、70.1%,工程适应性明显向好;头道墩以下河段整治工程靠河概率变化不大,仍然不足 70%,河势游荡、工程规模不足,治理效果虽较之前有一定改善,但仍不理想。

(4)计算了 2018 年洪水位,分析了与堤防设计水位的符合性。利用宁夏河段主要水文站、水位站的实测流量、水位资料以及调查洪水等资料,分析了控制断面水位流量关系,确定了下河沿至青铜峡库尾(简称卫宁河段)、青铜峡至石嘴山河段(简称青石河段)断面主槽糙率和综合糙率,利用伯努利方程分析计算了 2018 年汛后断面地形边界条件下设防流量水面线,与《黄河宁夏二期防洪工程可行性研究》的设计 2025 年水平水位进行对比,得到青铜峡至石嘴山河段计算水面线均低于《黄河宁夏二期防洪工程可行性研究》成果,卫宁河段计算水面线大部分低于《黄河宁夏二期防洪工程可行性研究》成果,WND02~WND05 断面略高 0.01~0.15 m,WND18~WND20 断面略高 0.09~0.16 m,这表明局部河段由于河道淤积使得已建堤防标准有所降低。

(5)建立一维水沙数学模型计算分析了不同水沙条件下的冲淤变化,结合实测资料论证了有利于宁夏河段输沙的调控指标。建立宁夏河段一维水沙数学模型,采用下河沿水文站 2012 年 7 月至 2018 年 10 月实测水沙过程、支流入汇及引水引沙过程,结合 2012 年河道断面进行了模型验证。利用验证后的数学模型进行了方案计算,计算结果表明,随着流量级的增大,不同含沙量级的冲刷效率增大或淤积效率减少,流量级大于 3 000 m³/s 以后冲淤效率变化不大,有利于宁夏河段输沙的调控流量宜控制在 2 500~3 000 m³/s,含沙量 3 kg/m³ 以下时一次洪水历时宜达到 15 d,含沙量 7 kg/m³ 左右时一次洪水历时宜达到 20 d 左右,含沙量 10 kg/m³ 以上时一次洪水历时宜达到 20 d 以上。来沙系数小于 0.003 kg·s/m⁶ 时,宁夏河道处于冲刷状态;来沙系数大于 0.003 kg·s/m⁶ 时,宁夏河道处于淤积状态。冲淤的临界来沙系数在 0.003 kg·s/m⁶ 左右。

第 2 章　河道基本情况

2.1　流域及河道基本情况

2.1.1　流域概况

黄河是我国的第二大河,发源于青藏高原巴颜喀拉山北麓海拔 4 500 m 的约古宗列盆地,流经青海、四川、甘肃、宁夏、内蒙古、陕西、山西、河南、山东等 9 省(区),在山东省垦利县注入渤海。干流河道全长 5 464 km,流域面积 79.5 万 km²(包括内流区 4.2 万 km²)。自河源至内蒙古自治区托克托县的河口镇为黄河上游,干流河道长 3 472 km,流域面积 42.8 万 km²;河口镇至河南省郑州市桃花峪为黄河中游,干流河道长 1 206 km,流域面积 34.4 万 km²。桃花峪以下至入海口为黄河下游,流域面积 2.3 万 km²。黄河流域面积大于 1 000 km² 的一级支流共 76 条,其中流域面积大于 1 万 km² 或入黄泥沙大于 0.5 亿 t 的一级支流有 13 条。

黄河宁夏河段位于黄河上游。黄河上游跨越青藏高原和内蒙古高原两大高原地区,兰州以上主要是青藏高原地区,兰州以下至河口镇,黄河行进在内蒙古高原上,海拔 1 000~1 400 m。黄河上游在玛多(黄河沿)以上称为河源区。该区河谷宽阔,湖泊沼泽众多,水源相对中下游较为丰富,湖沼水面面积达 2 000 km²。其中最大的扎陵湖面积为 526 km²,平均水深约 9 m,鄂陵湖面积 610 km²,平均水深约 17.6 m,最大水深 30.7 m。自玛多至玛曲,黄河顺势蜿蜒而下,流经山区和丘陵地带,河道切割渐深。玛曲以上,是黄河最大的弯曲段,区域内地势相对平坦、开阔,水草丰富且有较多的成片灌木。最大的两条支流白河和黑河自右岸汇入,流域蓄水能力强,调蓄作用大,是黄河上游水量的主要来源区。自玛曲至唐乃亥,河道穿行于崇山峻岭之中,山高谷深,坡陡流急,蕴藏着丰富的水力资源,该河段植被较好,在沟谷坡地上灌木丛生,兼有小片的松柏森林,该段河网密度大,降水量也较大。唐乃亥至龙羊峡河段河谷切割深,植被稀疏,水量增加很少。龙羊峡至青铜峡,河道蜿蜒曲折,一束一放,川、峡相间。该段有 19 个较大峡谷和 17 个较大川地,峡谷长度占河段长度的 40%以上。该河段总落差 1 324 m,在刘家峡库区至兰州之间有大夏河、洮河、湟水、庄浪河等大支流汇入,其中大夏河、洮河降水量丰富,是黄河上游洪水的主要来源区之一。自安宁渡以下祖厉河、清水河汇入,黄河的沙量加大。

黄河宁夏河段自中卫市南长滩入境,至石嘴山市头道坎全长 397.0 km,流向由西向东转为南偏西再转为北偏东,境内河势差异明显。该河段大部分属于干旱地区,降水量少,蒸发量大,加之灌溉引水量大,且无大支流加入,黄河水量有所减少。

黄河上游的水利工程尤其是大型水利工程分布较为集中,上游建成了龙羊峡水库、刘家峡、盐锅峡、八盘峡等水利枢纽,其中宁夏河段建设有沙坡头、青铜峡水利枢纽,主要水

利枢纽的基本情况介绍如下:

(1)龙羊峡水库。1986 年 10 月 15 日正式蓄水运用,总库容 247 亿 m³,为多年调节水库。

(2)刘家峡水库。1968 年 10 月 15 日蓄水运用,总库容 57 亿 m³,为年调节水库。

(3)盐锅峡水库。1962 年 1 月建成蓄水发电,总库容 2.2 亿 m³,1968 年库区达冲淤平衡,对水沙失去调节作用。

(4)八盘峡水库。1975 年 9 月蓄水发电,总库容 0.49 亿 m³。

(5)沙坡头水利枢纽。2004 年 3 月投入运用,总库容 0.26 亿 m³,为径流式电站,主要任务是灌溉、发电。

(6)青铜峡水库。1967 年 4 月蓄水运用,总库容 5.7 亿 m³,1972 年库区达冲淤平衡,剩余库容 0.8 亿 m³ 左右,只能担负日调节任务。

上述工程中,控制性枢纽龙羊峡水库、刘家峡水库对黄河干流宁夏河段水沙条件影响较大。除此之外,黄河宁夏河段规划的控制性枢纽还有黑山峡,该水库是黄河开发利用规划中具有承上启下重要作用的控制性枢纽工程,位于黄河黑山峡河段的出口,宁夏中卫市境内,坝址以上控制流域面积 25.2 万 km²,总库容 114.8 亿 m³,工程开发任务以反调节、协调水沙关系、防凌(防洪)为主,兼顾供水、发电,全河水资源合理配置,综合利用。黑山峡枢纽对上游梯级电站发电流量进行反调节,对黄河水资源进行合理配置,增加汛期输沙水量,改善水沙关系,多年平均可减少宁蒙河段泥沙淤积 0.53 亿 t,可使内蒙古河段平滩流量由 1 200 m³/s 逐步扩大到 2 500 m³/s 左右;对南水北调西线一期工程入黄水量进行合理调节,可使宁蒙河段基本不淤积,平滩流量进一步扩大;在凌汛期有效调控下泄流量,为保障内蒙古河段防凌安全创造条件;调节径流,协调宁蒙平原的生活、生产用水和河道生态用水;开发本河段水能资源,电站装机容量 2 000 MW,年发电量约 74 亿 kW·h,通过水库反调节可改善上游梯级电站的发电运行条件,提高上游梯级电站的发电效益,促进西北地区的经济社会发展。

2.1.2 河道特性

黄河自宁夏中卫县南长滩翠柳沟入境,至石嘴山市(左岸惠农区头道坎麻黄沟,右岸平罗县陶乐镇都思兔河)出境,全长 397.0 km,约占黄河总长的 1/14,属黄河上游下段。全河段由峡谷段、库区段和平原段三部分组成。峡谷段由黑山峡峡谷和石嘴山峡谷组成,总长 86.1 km;库区段为青铜峡水库回水区段,自中宁县枣园至青铜峡水利枢纽,全长 44.1 km;其余为平原,长 266.8 km。

黄河宁夏河段从上至下,按其河道特性可分为以下五个河段。

2.1.2.1 南长滩至下河沿段

该河段为黄河黑山峡峡谷尾端,长 61.5 km,河槽束缚于两岸高山之间,河宽 150~500 m,平均河宽为 200 m,纵比降为 0.87‰,弯曲率为 1.80。受两岸山体挟持,主流常年基本稳定。

2.1.2.2 下河沿至仁存渡段

该河段长 158.9 km,其中下河沿至枣园段长 75.1 km,枣园至青铜峡枢纽段长 44.1

km(青铜峡水库库区段),青铜峡至仁存渡段长 39.7 km。黄河出黑山峡峡谷后,水面展宽,河道内心滩发育,汊河较多,水流分散,流势多为 2~3 汊。

本河段为砂卵石河床,河宽 500~3 000 m,主槽宽 300~600 m,青铜峡库区以上河道纵比降为 0.80‰,库区以下纵比降为 0.61‰,曲率为 1.16。

2.1.2.3 仁存渡至头道墩段

该河段为平原冲积河道,河床组成由下河沿至仁存渡的砂卵石过渡为砂质,受鄂尔多斯台地控制,右岸形成若干处节点,心滩较少,边滩发育,属于弯曲型河道。

本河段长 69.2 km,河宽 1 000~4 000 m,平均河宽为 2 500 m。主槽平均宽约 1 010 m。河道纵比降为 0.15‰,弯曲率为 1.21。

2.1.2.4 头道墩至石嘴山段

该河段受右岸台地和左岸堤防控制,平面上宽窄相间,呈藕节状,断面宽浅,水流散乱。河床河岸抗冲性差,冲淤变化较大,主流摆动剧烈,属于游荡型河道。

本河段长 82.8 km,河宽 1 800~6 000 m,平均河宽约 3 300 m。主槽宽 500~1 000 m,主槽平均宽约 650 m。河道纵比降为 0.18‰,弯曲率为 1.23。

2.1.2.5 石嘴山至麻黄沟

该河段黄河穿行于右岸桌子山及左岸乌兰布和沙漠之间,长 24.6 km,属峡谷河道,河宽约 400 m,纵比降为 0.59‰,受右岸山体和左岸高台地制约,平面外形呈弯曲状,曲率为 1.50,主流常年基本稳定。

各河段河道基本特征见表 2-1。

表 2-1 黄河宁夏河段河道基本特性

河段	河长(km)	平均河宽(m)	主槽宽(m)	比降(‰)	弯曲率
南长滩至下河沿	61.5	200	200	0.87	1.80
下河沿至枣园	75.1	920	554	0.80	1.16
枣园至青铜峡	44.1	400~4 000			1.10
青铜峡至仁存渡	39.7	1 130	600	0.61	1.16
仁存渡至头道墩	69.2	2 500	1 010	0.15	1.21
头道墩至石嘴山	82.8	3 300	1 325	0.18	1.23
石嘴山至麻黄沟	24.6	400		0.59	1.50
合计	397.0				

2.2 水文和气象

2.2.1 水文基本资料

黄河下河沿至石嘴山干流河段共建有 3 个水文站(见图 2-1),从上游至下游分别为下河沿水文站、青铜峡水文站、石嘴山水文站,其中下河沿水文站为入境站,石嘴山水文站为出境站,各水文站观测内容主要有水位、流量、泥沙、水温等。此外,黄河干流还建有多处水位站。

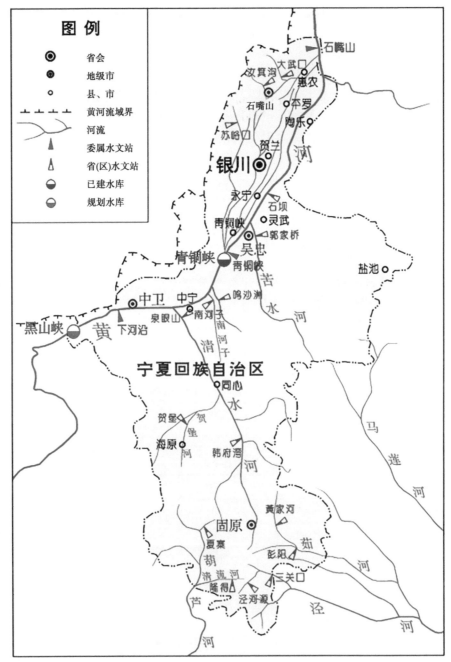

图 2-1　黄河宁夏河段各水文位置分布示意图

黄河宁夏河段入黄支流有清水河、苦水河、红柳沟、南河子沟、都思兔河等支流,除都思兔河外其他均设有控制水文站,宁夏河段的灌区引水、退水渠道多数建设有监测站。

黄河宁夏河段各水文站、水位站的水文资料(见表2-2)均经过整编审查,可以基本满足本次研究需要。

表 2-2　黄河宁夏河段主要水文站、水位站资料一览

河名	站名	站别	集水面积（km²）	高程基准	观测项目	资料年份	备注
黄河	下河沿	水文	254 142	大沽	水位、流量、泥沙、水温	1951 年 5 月迄今	1958 年 1 月至 1964 年 12 月仅水位
	申滩	水位		黄海	水位	1969 年迄今	
	康滩	水位		黄海	水位	1970 年迄今	
	白马	水位		黄海	水位	1970 年迄今	
	青铜峡	水文		大沽	水位、流量、泥沙、水温、冰情	1939 年 5 月迄今	
	叶盛	水位	275 010	黄海			
	通桥	水位		黄海	水位	1978 年迄今	
	石坝	水位		黄海	水位	1970 年迄今	
	高仁镇	水位		黄海	水位	1970 年迄今	
	五堆子	水位		黄海			
	红崖子	水位		黄海	水位	1970 年迄今	
	石嘴山	水文	309 146	大沽	水位、流量、泥沙、水温、冰情	1942 年 9 月迄今	
清水河	泉眼山	水文	14 480	大沽	水位、雨量、流量、含沙量	1945 年迄今	
苦水河	郭家桥	水文	5 216	大沽	水位、雨量、流量、含沙量	1954 年迄今	
红柳沟	鸣沙洲	水文	1 064	假定	水位、雨量、流量、含沙量	1958 年迄今	
南河子沟	南河子	水文	200	假定	水位、雨量、流量、含沙量	1962 年迄今	

2.2.2　气象

黄河宁夏河段属典型的大陆性气候,气候区划属中温带干旱区,基本气候特点是:干旱少雨、风大沙多、日照充足、蒸发强烈,冬寒长、春暖快、夏热短、秋凉早,年温差及日温差较大,无霜期短而多变,干旱、冰雹、大风、沙尘暴、霜冻、局地暴雨洪涝等灾害性天气比较频繁。根据黄河宁夏河段附近主要气象站 1971~2000 年气象资料统计,该地多年平均降水量 185~212 mm,主要集中在 7~9 月,占全年降水量的 60%~70%;多年平均蒸发量 1 593~1 992 mm,为降水量的 8~9 倍;多年平均气温 8.8~9.4 ℃,极端最高气温约 38.9 ℃,极端最低气温−28.2 ℃;年平均日照时数 2 905~3 072 h,日照率在 65% 以上;大风日数 10.6~20.9 d,最大冻土深度 80~90 cm,最大积雪厚度 8~15 cm,详见表 2-3。

表 2-3　黄河宁夏河段部分气象站气象要素统计

气象要素		站名			
		银川	吴忠	中宁	中卫
平均气压(hPa)		890.9	889.0	882.6	892.3
气温	年平均(℃)	9.0	9.3	9.4	8.8
	极端最高(℃)	38.7	38.0	38.5	38.9
	极端最低(℃)	−27.7	−24.0	−26.9	−28.2
平均相对湿度(%)		57	56	54	55
年平均降水量(mm)		186.3	184.6	211.7	175.9
年平均蒸发量(mm)		1 593.1	1 813.3	1 991.6	1 708.7
风速	平均(m/s)	2.1	2.3	3.0	2.0
	最大(m/s)	28.0	20.0	20.7	22
	最多风向	N	W		S
日照时数(h)		2 905.7	2 974.4		3 072.4
大风日数(d)		18.5	10.6	20.9	14.9
雷暴日数(d)		16.5	13.2	10.3	16.9
霜日数(d)		98.1	54.9		
最大积雪厚度(cm)		9	8	15	8
最大冻土深(cm)		88	90	80	89

注:中宁气象站资料系列为 1953~2000 年。

2.3　洪水特性

2.3.1　冰凌洪水

2.3.1.1　凌情特点

下河沿至枣园段因河道比降大,为不常封河段(只有冷冬年份封河)。枣园至石嘴山河段因河道宽、水流缓、气温低,为常年封冻河段。刘家峡、青铜峡等水库蓄水运行后,黄河水温、流量发生了变化,不常封河段由枣园下延 20 km 至新田附近,常封河段由青铜峡坝下下移至永宁望洪附近约 40 km 处。据石嘴山水文站 1957~2010 年观测资料统计,石嘴山断面平均在 11 月 24 日开始流凌,12 月 26 日封河,次年 3 月 7 日开河,多年变幅在 50 d 左右,冰厚 0.5 m 左右。

黄河宁夏河段封河自下而上,开河则相反,当上游开河形成凌峰,而此时下游还未达到自然开河条件时,冰层以下的过流能力不足以通过上游的凌峰,冰块在强大水流的推动下向下游移动,在狭窄段或弯道浅滩等河段,冰块上爬下插,阻拦冰水去路,易形成冰坝,导致河水猛涨。上游段先开河,槽蓄水量释放,对凌汛期沿程流量和水位起着加大作用,造成河水上涨,淹滩漫地。

2.3.1.2　凌汛发生概率和灾害

由于黄河宁夏河段特殊的地理位置及由南向北的河道流向走势,每年均有凌情发生,影响范围广,且发生概率较频繁。据不完全统计,1950~2010 年的 60 年间,有 51 年出现封河,20 世纪 90 年代以来,有 4 年封河时水位接近 1981 年 6 040 m³/s(青铜峡站还原后流量)大洪水水位。由于封、开河时水位上涨,不同程度地造成农田受淹,村庄被困,道路阻断,堤防塌陷,水利设施损坏,严重威胁着两岸人民群众的生命财产安全。

20 世纪 90 年代以来,凌灾每年都会发生,造成的经济损失在逐年增加,防凌形势依然严峻,同时面临新的挑战,近年来黄河宁夏河段冰凌灾害情况概述如下:

1998 年 1 月封河时,青铜峡库区冰塞,壅水水位接近 1981 年大洪水时水位,青铜峡鸟岛上水,中宁、渠口农场等地直接经济损失 400 多万元(当年价,下同)。

2000 年石嘴山、平罗县在封河时淹没堤坝工程,开河时水流急泄,造成多处堤防滑塌,直接经济损失 300 多万元。

2003 年平罗县、贺兰县、兴庆区、永宁县封河时水位上涨 1.6~1.8 m,堤防、坝垛等水利工程严重受损,直接经济损失 500 多万元。

2007~2008 年,黄河宁夏河段 260 km 河段封河,封河时水位骤涨 1~2 m,部分河段水位接近 1981 年大洪水水位。中卫至惠农沿河 10 县(市)及渠口农场等不同程度遭受凌灾,有 350 km 堤防遭受冲淘破坏,1.5 万亩农田、500 多个鱼池被淹,20 万亩滩地漫水,10 座扬水站受淹,设备被毁,5 km 输电线路受损,1 000 余座建筑物损坏,先后有 3 400 人受到威胁。开河期,由于水位回落迅速,中宁、吴忠等地 100 多 m 堤防出现裂缝、滑塌,10 余座坝垛受冰凌冲撞塌陷,凌灾造成直接经济损失近亿元。

1986 年龙羊峡水库运用以后,宁夏河段凌情较为严重(部分河段水位表现较高)的 2005 年、2007~2008 年度调查资料情况见表 2-4。

表 2-4　黄河宁夏河段冰情调查

测站	原断面	2005 年最高凌汛水位（m）	2007~2008 年度最高凌汛水位(m)	1981 年洪水位（m）	2012 年洪水位（m）
莫楼至申滩	WN07	1 213.81(2005 年 1 月 9 日)	1 213.76(2008 年 2 月 1 日)	1 216.47	1 216.98
唐滩二队（叶盛大桥）	QS07	1 113.43(2005 年 1 月 9 日)	1 115.89(2008 年 2 月 8 日)	1 116.26	1 114.82
下桥五队	QS12	1 106.92(2005 年 1 月 10 日)	1 107.63(2008 年 1 月 26 日)	1 110.30	1 109.27
高仁镇扬水	QS19	1 100.69(2005 年 1 月 20 日)	1 100.44(2008 年 1 月 23 日)	1 100.36	1 100.36
五堆子扬水	QS24	1 094.38(2005 年 1 月 20 日)	1 095.86(2008 年 1 月 22 日)	1 095.50	1 095.33
红崖子(礼和)	QS26	1 092.66(2005 年 1 月 23 日)	1 092.42(2008 年 2 月 15 日)	1 093.20	1 092.68

注:水位高程为黄海高程。

2.3.2　伏秋洪水

2.3.2.1　洪水发生时间及过程

黄河宁夏河段的洪水主要来自兰州以上,由降雨形成,汛期为 6~10 月。大洪水多发生在 7 月或 9 月,尤以 9 月居多,洪量大,且峰型较胖,洪水涨落平缓,历时长约 45 d。峰型以单峰为主,峰量关系较好。

根据青铜峡水文站 1939~2012 年 74 年洪水资料统计,每年最大流量发生在 6 月的有 3 年,其中包括 1986 年洪水,洪峰流量 3 500 m³/s;发生在 7 月的有 18 年,占实测资料年份的 24%,其中包括 1943 年、1964 年超过 5 000 m³/s 流量的洪水;发生在 8 月的有 15 年,占实测资料年份的 20%,最大洪峰流量为 1945 年的 4 420 m³/s;发生在 9 月的有 21 年,占实测资料年份的 28%,其中包括了 1946 年、1981 年和 1967 年超过 5 000 m³/s 的大洪水过程;发生在 10 月的有 16 年,占实测资料年份的 22%,最大为 1963 年的 4 030 m³/s。由此可见,黄河宁夏河段大洪水主要发生在 7 月和 9 月,发生在 6 月、8 月、10 月的洪水多为一般洪水。

7 月洪水一般峰型较尖瘦,流量保持在 5 000 m³/s 以上的累计为 6 d;9 月的洪水一般较胖,流量保持在 5 000 m³/s 以上的累计为 16 d。就工程出险而言,9 月洪水因持续时间较长,堤防受洪水侵袭时间长,发生险情相对较多。据统计,青铜峡站多年平均洪峰流量 1 967~1985 年(龙羊峡水库蓄水前)为 3 295 m³/s,1986~2012 年(龙羊峡水库蓄水后)为 2 095 m³/s。实测最大洪峰流量 6 230 m³/s(1946 年 9 月 16 日),历时 45 d,洪水总量达 146 亿 m³。历史调查最大洪峰流量为 8 010 m³/s(1904 年 7 月,重现期 130~170 年)。1949 年以来,出现过两次大洪水,1964 年 7 月 29 日,青铜峡站洪峰流量达 5 930 m³/s,1981 年 9 月 17 日该站洪峰流量 6 040 m³/s(还原值)。这两次大洪水给沿河两岸造成一定灾害,但由于汛情预报准确及时,抗洪组织得力,未造成重大损失。青铜峡站较大洪水(洪峰流量大于 5 000 m³/s)发生情况见表 2-5。

表 2-5　青铜峡站较大洪水发生情况

发生时间 (年-月-日)	洪峰流量 (m³/s)	洪水历时 (d)	洪水总量 (亿 m³)	最大 45 d 洪水总量 (亿 m³)	流量大于 5 000 m³/s 以上天数(d)	流量从 4 000 m³/s 涨到峰顶天数(d)
1904-07	8 010 (调查值)	20				
1946-09-16	6 230	45	146	146	9	9
1964-07-29	5 930	32	98	130	5.4	
1967-09-13	5 140	62		148	6	13
1981-09-17	6 040	34	124	142	6	8

2.3.2.2　洪水遭遇

下河沿至石嘴山河段区间较大的支流主要分布在右岸。区间暴雨洪水汇入,以清水河为最大,其他支流较小,若与干流洪水相遇,对干流洪水有一定影响,但随着清水河上游多座水库的建设,洪水经过水库调蓄,与黄河干流交汇的河口处洪峰明显减小。如 1964 年 8 月 19 日洪水,清水河泉眼山站天然洪峰流量达 2 260 m^3/s,但经其上游水库拦蓄调节后,实测流量只有 422 m^3/s,洪峰削减了 85%。

统计干、支流实测洪水洪峰及出现时间,清水河大水年份为 1964 年、1995 年、1996 年、1997 年、2000 年、2003 年,发生的最大洪峰流量为 625 m^3/s(1996 年 7 月 28 日);苦水河大水年份有 1968 年、1977 年、1985 年、1990 年、1992 年、1994 年、1999 年、2002 年,发生的最大洪峰流量为 676 m^3/s(2002 年 6 月 8 日);而黄河干流大洪水年份为 1964 年、1967 年和 1981 年,发生的最大洪峰流量青铜峡站为 5 870 m^3/s(1981 年 9 月 20 日),近期年份洪水量级较小。从实测资料统计分析看,1994 年、1999 年等干、支流遭遇的洪水中,干流洪水量级一般较小,且区间支流洪水陡涨陡落,对干流洪水影响很小;干流大洪水与区间支流大洪水不遭遇。

2.3.2.3　设计洪水

宁夏河段黄河干流设计洪水在《黄河流域防洪规划》(经国务院批复)、《黄河宁蒙河段 1996 年至 2000 年防洪工程建设可行性研究报告》(经水规总院审查及中咨公司评估,简称“九五”可研成果)、《黄河海勃湾水利枢纽工程可行性研究报告》(经水规总院审查及中咨公司评估)、《黄河宁蒙河段近期防洪工程建设可行性研究报告》(经水规总院审查及中咨公司评估)、《黄河宁夏段河道综合治理工程可行性研究报告》(经水规总院审查及中咨公司评估)、《黄河宁夏河段二期防洪工程可行性研究报告》(经水规总院审查及中咨公司评估)等不同阶段均进行过研究,均采用了“九五”可研成果,即根据考虑龙羊峡、刘家峡两库联调影响下的安宁渡水文站设计洪峰流量,采用相关分析法,分别建立下河沿、青铜峡、石嘴山等水文站实测洪峰流量与安宁渡站实测洪峰流量的相关关系,利用相关关系推算得到宁夏河段各水文站经龙羊峡、刘家峡水库联调后的设计洪峰流量,见表 2-6。下河沿站 50 年一遇设计洪峰流量为 5 960 m^3/s、20 年一遇设计洪峰流量为 5 595 m^3/s;青铜峡站 50 年一遇设计洪峰流量为 6 020 m^3/s、20 年一遇设计洪峰流量为 5 620 m^3/s;石嘴山站 50 年一遇设计洪峰流量为 6 000 m^3/s、20 年一遇设计洪峰流量为 5 630 m^3/s。

表 2-6　宁夏河段各站设计洪水计算成果(工程影响后)　　　　(单位:m^3/s)

序号	站名	设计洪峰流量	
		$P=2\%$	$P=5\%$
1	下河沿	5 960	5 595
2	青铜峡	6 020	5 620
3	石嘴山	6 000	5 630

2.4　区域经济社会情况

黄河流经宁夏,滋润了沃野千里的宁夏平原,宁夏因黄河的哺育被称为“塞上江南”,

更有"天下黄河富宁夏"的美誉。宁夏全境属于黄河流域,国土面积 5.19 万 km²,总人口 688 万人,辖 5 个地级市 22 个县(市、区)。宁夏历史悠久,早在 3 万年前的旧石器时代就有人类在此繁衍生息。公元前 3 世纪,秦朝设治屯垦、兴修水利,开创了引黄灌溉的历史,秦渠、汉渠、唐徕渠等至今仍在发挥着重要作用。宁夏引黄古灌区被列入世界灌溉工程遗产名录。

宁夏地形南北狭长,地跨黄土高原和内蒙古高原两个地形区,全境海拔 1 000 m 以上,地势南高北低,呈阶梯状下降,高差近 1 000 m,山脉、高原、平原、丘陵、河谷等地貌一应俱全。北部黄河穿境而过,地势平坦,形成典型的平原绿洲地区,贺兰山绵亘于西北部边缘,主峰达 3 556 m;中部以干旱剥蚀、风蚀地貌为主,腾格里沙漠、乌兰布和沙漠和毛乌素沙地围绕在周边,形成中部低丘干旱风沙区;南部以流水侵蚀的黄土地貌为主,为黄土丘陵沟壑区和土石山区,属六盘山集中连片特殊困难地区。

宁夏沿黄地区集中了全区 61% 的人口、90% 以上的经济总量和 94% 的财政收入。自古以来,宁夏工业、农业和生活用水主要依靠黄河,占总供水量的 91%。黄河宁夏河段以防凌、防洪、供水、灌溉为主,兼顾发电;主要承担水源输送及Ⅲ类地表水水质保护功能。

宁夏资源较为丰富,现有耕地 1 940 万亩,人均耕地面积居全国前列,是全国十大牧区之一,引黄灌区是全国十二个商品粮生产基地之一。2018 年发电量 1 610 亿 kW·h,人均居全国第 1 位;探明矿产资源 50 多种,人均自然资源潜在价值居全国第 5 位。宁夏风光独特,文化灿烂,北有贺兰山,南有六盘山,黄河横穿 10 个县(市、区),沙坡头、沙湖、西部影城等景点富有神韵、独具特色,"塞上江南·神奇宁夏"吸引着越来越多的中外游客。十八大以来,宁夏经济社会平稳健康快速发展。2018 年全区实现地区生产总值 3 705.2 亿元,同比增长 7%,是 2012 年 2 341.3 亿元的 1.6 倍。2018 年全区城镇居民人均可支配收入 31 895 元,增长 8.2%;农村居民人均可支配收入 11 708 元,增长 9.0%。

第 3 章　水沙与冲淤变化特性

3.1　来水来沙特性

3.1.1　干流水沙

3.1.1.1　干流水沙特性

1.水沙量年内分配不均

表 3-1 为宁夏河段干流下河沿水文站多年平均月年水沙特征值。下河沿 1950~2018 年多年平均径流量为 296.5 亿 m³，多年平均沙量为 1.141 7 亿 t。

表 3-1　下河沿站 1950~2018 年月、年水沙特征值统计

项目	1 月	2 月	3 月	4 月	5 月	6 月	7 月	8 月	9 月	10 月	11 月	12 月	全年
月水量(亿 m³)	12.9	10.8	12.3	17.3	26.1	27.8	39.5	39.4	39.4	35.3	21.2	14.6	296.6
月沙量(亿 t)	0.001 3	0.001 3	0.005 4	0.012 4	0.047 2	0.103 1	0.323 9	0.427 4	0.161 2	0.047 7	0.008 6	0.002 2	1.141 7
水量比例(%)	4.3	3.7	4.2	5.8	8.8	9.4	13.3	13.3	13.3	11.9	7.2	5.0	100.0
沙量比例(%)	0.1	0.1	0.5	1.1	4.1	9.0	28.4	37.4	14.1	4.2	0.8	0.2	100.0

1950~2018 年 1~12 月月平均水量分别为 12.9 亿 m³、10.8 亿 m³、12.3 亿 m³、17.3 亿 m³、26.1 亿 m³、27.8 亿 m³、39.5 亿 m³、39.4 亿 m³、39.4 亿 m³、35.3 亿 m³、21.2 亿 m³、14.6 亿 m³，占全年水量的比例分别为 4.3%、3.7%、4.2%、5.8%、8.8%、9.4%、13.3%、13.3%、13.3%、11.9%、7.2%、5.0%。汛期 7~10 月水量所占比例为 51.8%，来水主要集中在汛期。

1950~2018 年 1~12 月月平均沙量分别为 0.001 3 亿 t、0.001 3 亿 t、0.005 4 亿 t、0.012 4 亿 t、0.047 2 亿 t、0.103 1 亿 t、0.323 9 亿 t、0.427 4 亿 t、0.161 2 亿 t、0.047 7 亿 t、0.008 6 亿 t、0.002 2 亿 t，占全年沙量的比例分别为 0.1%、0.1%、0.5%、1.1%、4.1%、9.0%、28.4%、37.4%、14.1%、4.2%、0.8%、0.2%。汛期 7~10 月沙量所占比例达 84.1%，来沙主要集中在汛期，集中程度高于径流的集中程度。

2.水沙量年际变化大

图 3-1 和图 3-2 分别为宁夏河段干流下河沿水文站年水量、年沙量变化过程。1950~2018 年下河沿站最大年水量为 1967 年的 512.2 亿 m³，最小年水量为 1997 年的 188.9 亿 m³，最大年水量与最小年水量的倍比为 2.7。最大年沙量为 1959 年的 4.39 亿 t，最小年沙量为 2015 年的 0.17 亿 t，最大年沙量与最小年沙量的倍比为 25.8。

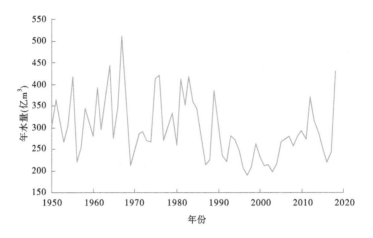

图 3-1　下河沿站历年水量变化过程

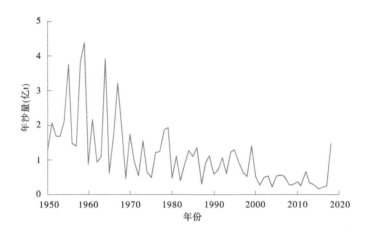

图 3-2　下河沿站历年沙量变化过程

3.1.1.2　干流水沙变化

1. 水沙量明显减少

实测水量减小。1950 年 11 月至 1968 年 10 月,上游人类活动影响较小,可基本代表天然状态,该时期下河沿站多年平均水量为 339.3 亿 m³;1968 年 11 月至 1986 年 10 月刘家峡水库运用期间,下河沿站多年平均水量为 318.7 亿 m³,与 1968 年以前相比,年水量减少了 6.1%;1986 年 11 月至 2018 年 10 月龙羊峡水库、刘家峡水库联合运用期间,下河沿站多年平均水量为 260.0 亿 m³,与 1968 年以前相比,水量减少幅度为 23.4%。

实测沙量减小,减小幅度大于水量减小幅度。1950 年 11 月至 1968 年 10 月,上游人类活动影响较小,可基本代表天然状态,该时期下河沿站多年沙量为 2.15 亿 t;1968 年 11 月至 1986 年 10 月刘家峡水库运用期间,下河沿站多年平均沙量为 1.07 亿 t,与 1968 年以前相比,年沙量减少了 50.3%;1986 年 11 月至 2018 年 10 月龙羊峡水库、刘家峡水库联合运用期间,下河沿站多年平均沙量为 0.61 亿 t,与 1968 年以前相比,沙量减少幅度为 71.6%。

下河沿站不同时期水沙量特征见表 3-2。

表 3-2　下河沿站不同时期水沙特征值统计

时段(年-月)	重大水利工程运用	水量(亿 m³)			沙量(亿 t)		
		非汛期	汛期	全年	非汛期	汛期	全年
1950-11～1968-10		129.4	209.9	339.3	0.28	1.88	2.16
1968-11～1986-10	刘家峡水库运用	149.7	169.0	318.7	0.18	0.89	1.07
1986-11～1999-10	龙羊峡、刘家峡两库联合运用	142.9	105.4	248.3	0.18	0.69	0.87
1999-11～2018-10		150.2	117.8	268.0	0.10	0.34	0.44
1986-11～2018-10		147.2	112.8	260.0	0.13	0.48	0.61
1950-11～2018-10		143.2	153.4	286.6	0.18	0.96	1.14

2. 水沙量年内分配比例发生变化,汛期比重减小

天然状态下(1950 年 11 月至 1968 年 10 月),下河沿站汛期水量占全年的比例为 61.9%,汛期沙量占全年的比例为 87.2%;1968 年 11 月至 1986 年 10 月,由于刘家峡等水库投入运用,汛期水量占全年的比例减少为 53.0%,汛期沙量占全年的比例为 83.6%;1986 年 10 月龙羊峡水库投入运用,汛期水沙量比例进一步减少,汛期水量占全年的比例为 43.4%,汛期沙量占全年的比例为 78.9%。

3. 汛期大流量天数减少,小流量天数增加

下河沿水文站 1951～1968 年汛期日均流量大于 2 000 m³/s 出现的天数为 54.0 d,占汛期的比例 43.9%;汛期日均流量小于 1 000 m³/s 出现的天数为 14.2 d,占汛期的比例为 11.5%。刘家峡水库投入运用后的 1969～1986 年,汛期日均流量大于 2 000 m³/s 的天数减少至 30.5 d,占汛期比例为 24.8%;汛期日均流量小于 1 000 m³/s 出现的天数为 31.8 d,占汛期的比例为 25.9%。1986 年龙羊峡水库投入运用后,大流量出现天数减少更加明显,1987～1999 年、2000～2018 年汛期流量大于 2 000 m³/s 的天数分别为 4.2 d、6.1 d,仅占汛期的 3.4% 和 5.0%,相应的小流量天数增加,分别达到了 80.6 d 和 58.3 d。不同时期下河沿不同流量级出现的天数对比见表 3-3、图 3-3。

表 3-3　宁夏河段干流入出口控制站不同流量级水沙量统计

时段	流量级(m³/s)	下河沿			石嘴山		
		天数(d)	水量(亿 m³)	沙量(亿 t)	天数(d)	水量(亿 m³)	沙量(亿 t)
1951～1968 年(10 年)	0～1 000	14.2	9.9	0.031	10.3	6.8	0.025
	1 000～2 000	54.8	70.9	0.500	52.8	66.8	0.367
	2 000～3 000	39.6	83.1	0.852	42.6	91.6	0.683
	>3 000	14.4	45.6	0.326	17.3	55.2	0.399
	合计	123.0	209.5	1.769	123.0	220.4	1.474

续表 3-3

时段	流量级 （m³/s）	下河沿			石嘴山		
		天数 （d）	水量 （亿 m³）	沙量 （亿 t）	天数 （d）	水量 （亿 m³）	沙量 （亿 t）
1969~1986 年 （18 年）	0~1 000	31.8	21.9	0.088	41.1	27.1	0.074
	1 000~2 000	60.7	71.4	0.440	52.3	62.6	0.284
	2 000~3 000	20.1	42.8	0.199	19.9	42.4	0.211
	>3 000	10.4	33.0	0.167	9.7	30.2	0.145
	合计	123.0	169.1	0.884	123.0	162.3	0.714
1987~1999 年 （13 年）	0~1 000	80.6	54.5	0.224	85.5	54.8	0.235
	1 000~2 000	38.2	40.9	0.415	33.4	36.7	0.321
	2 000~3 000	2.2	4.5	0.037	3.5	7.6	0.050
	>3 000	2.0	5.6	0.018	0.6	1.7	0.008
	合计	123.0	105.5	0.694	123.0	100.8	0.614
2000~2018 年 （19 年）	0~1 000	58.3	40.0	0.105	70.7	42.7	0.122
	1 000~2 000	58.6	63.7	0.170	45.8	50.2	0.183
	2 000~3 000	4.6	9.7	0.051	4.9	10.7	0.048
	>3 000	1.5	4.3	0.098	1.6	4.5	0.082
	合计	123.0	117.7	0.424	123.0	108.1	0.435

注：下河沿自 1951 年开始统计，缺 1957~1964 年；石嘴山站自 1960 年开始统计。

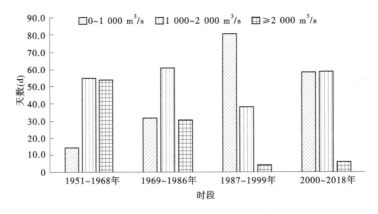

图 3-3　不同时期下河沿水文站汛期各流量级出现的天数

3.1.2　支流水沙

宁夏河段较大的支流有清水河、红柳沟、苦水河和都思兔河 4 条河流，均分布在黄河右岸,清水河为该河段的最大支流。统计宁夏河段支流总的水沙量特征值见表 3-4(都思兔河流域面积小,缺少监测站点,暂未统计在该表中),历年水沙量变化见图 3-4 和图 3-5。1960 年 11 月至 2018 年 10 月宁夏河段支流多年平均水量为 4.80 亿 m³,沙量为 0.329 亿 t,含沙量为 68.49 kg/m³。支流来沙含量高,同时其水沙特性与干流水沙一样,具有年际变化大、年内分配不均的特点,实测年最大水量为 1995 年 8.53 亿 m³,年最小水量为 1960 年 2.80 亿 m³;实测年最大沙量为 1995 年 1.531 亿 t,年最小沙量为 2007 年 0.023 亿 t。1960 年 11 月至 2018 年 10 月汛期多年平均水量 2.63 亿 m³,占全年水量的 54.8%,汛期多年平均沙量 0.293 亿 t,占全年沙量的 89.2%。

表 3-4　宁夏河段支流来水来沙特征

时段 (年-月)	水量(亿 m³)			沙量(亿 t)			含沙量(kg/m³)		
	11 月至 次年 6 月	7~10 月	10~11 月	11 月至 次年 6 月	7~10 月	10~11 月	11 月至 次年 6 月	7~10 月	10~11 月
1960-11~1968-10	1.35	2.65	4.01	0.023	0.328	0.351	16.78	123.75	87.61
1968-11~1986-10	2.08	2.68	4.76	0.037	0.204	0.241	17.87	75.98	50.58
1986-11~2018-10	2.67	2.59	5.26	0.042	0.323	0.365	15.65	125.01	69.43
1960-11~2018-10	2.17	2.63	4.80	0.036	0.293	0.329	16.40	111.44	68.49

注:支流水沙监测资料多始于 1960 年前后,故统计起始时间采用 1960 年。

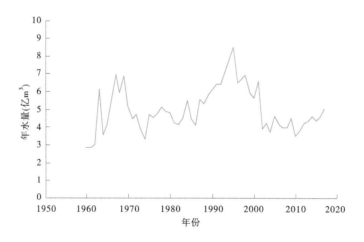

图 3-4　宁夏河段支流历年水量变化

1960 年 11 月至 1968 年 10 月多年平均水量为 4.01 亿 m³,沙量为 0.351 亿 t,含沙量为 87.61 kg/m³。1968 年 11 月至 1986 年 10 月多年平均水量为 4.76 亿 m³,沙量为 0.241 亿 t,含沙量为 50.58 kg/m³。1986 年 11 月至 2018 年 10 月多年平均水量为 5.26 亿 m³,沙量为 0.365 亿 t,含沙量为 69.43 kg/m³。从不同时期实测水沙量变化看,宁夏支流水沙丰枯交替变化,水沙量没有明显增大或减少趋势。反映水沙量丰枯变化的模比系数差积曲线见图 3-6 和图 3-7,反映变化趋势的年水量与年沙量的累积曲线见图 3-8 和图 3-9。

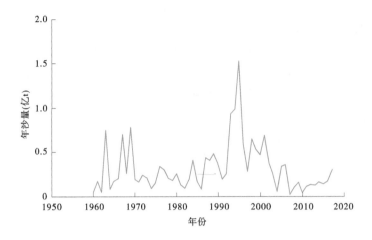

图 3-5　宁夏河段支流沙量历年变化

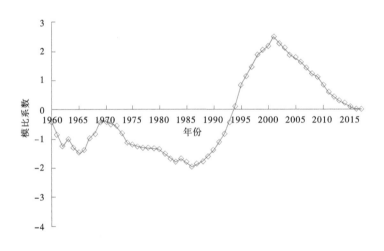

图 3-6　宁夏河段支流水量差积曲线

3.1.3　区间引退水沙

宁夏河段主要有七星渠、汉渠、秦渠、唐徕渠等引水渠,入黄的排水沟较多;统计宁夏灌区引水引沙、退水退沙特征值,见表 3-5。1960 年 11 月至 2018 年 10 月,宁夏灌区多年平均引水量为 74.73 亿 m^3,多年平均引沙量为 0.251 亿 t。引水主要集中在 4~11 月,占全年引水量的 98.2%(见表 3-6)。不完全统计的退水量多年平均为 14.07 亿 m^3,多年平均退沙量 0.016 亿 t。

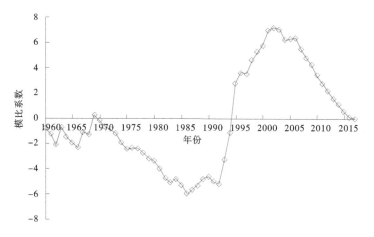

图 3-7　宁夏河段支流沙量差积曲线

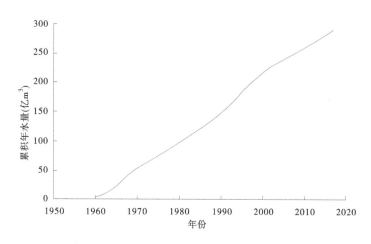

图 3-8　宁夏河段支流水量累积曲线

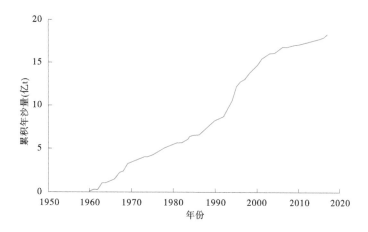

图 3-9　宁夏河段支流沙量累积曲线

表 3-5　宁夏灌区引退水沙特征值

引退水渠	时段 (年-月)	水量(亿 m³)			沙量(亿 t)		
		11月至 次年6月	7~10月	10~11月	11月至 次年6月	7~10月	10~11月
引水渠	1960-11~1968-10	25.53	30.05	55.58	0.042	0.202	0.243
	1968-11~1986-10	43.99	40.66	84.65	0.046	0.204	0.249
	1986-11~2018-10	44.86	35.06	79.92	0.059	0.198	0.257
	1960-11~2018-10	39.51	35.22	74.73	0.051	0.200	0.251
入黄 退水沟 (不完全)	1960-11~1968-10	5.01	8.09	13.10	0.006	0.014	0.020
	1968-11~1986-10	7.05	8.62	15.67	0.007	0.013	0.020
	1986-11~2010-10	7.42	6.29	13.71	0.004	0.008	0.012
	1960-11~2018-10	6.68	7.38	14.07	0.006	0.011	0.016

注:表中退水水沙量数据采用有实测记录的各退水沟渠资料统计而成,并不全面。

表 3-6　宁夏灌区引水量年内分配比例　　　　　　　　(%)

项目	1月	2月	3月	4月	5月	6月	7月	8月	9月	10月	11月	12月	全年
水量比例	0.3	0.3	0.5	5.1	17.6	17.6	17.8	15.9	7.4	5.1	11.7	0.7	100.0
沙量比例	0	0	0	0.6	6.0	12.9	33.2	34.5	9.2	2.1	1.5	0	100.0

从不同时期的引水情况看,青铜峡水库建成前,宁夏灌区引水量相对较小,1960 年 11 月至 1968 年 10 月年平均引水量为 55.58 亿 m³;青铜峡水库建成后,灌区平均引水量增大至 80 亿 m³ 左右,1968 年 11 月至 1986 年 10 月、1986 年 11 月至 2018 年 10 月的引水量分别为 84.65 亿 m³、79.92 亿 m³。1960 年 11 月至 1968 年 10 月、1968 年 11 月至 1986 年 10 月、1986 年 11 月至 2018 年 10 月年平均引沙量分别是 0.243 亿 t、0.249 亿 t、0.257 亿 t,三个时期引沙量变化不大。

3.1.4　区间入黄风积沙

宁夏河段途经腾格里沙漠、毛乌素沙地(河东沙地),两岸有风沙入河,是影响河道冲淤演变的因子之一。

在"黄河黑山峡河段开发论证"项目研究过程中,北京大学、黄河水利科学研究院以及黄河勘测规划设计研究院有限公司等多家单位对宁蒙河段入黄风沙进行了深入研究,并与以往研究成果进行了对比分析,认为各家成果不尽相同,但近期入黄风积沙量在减少,各家研究成果的差距也在缩小,综合各家成果,提出 20 世纪 80 年代及以前宁蒙河段年均入黄风积沙量 2 500 万 t 左右,20 世纪 90 年代年均入黄风积沙量 2 100 万 t 左右,2000 年以来年均入黄风积沙量 1 100 万 t 左右,其中宁夏河段入黄风沙由于区域岸线范围等情况,占宁蒙河段入黄风沙量的比例约 30%。

3.2　河道冲淤特性

3.2.1　年际年内冲淤特性

根据宁夏河段资料情况对河道冲淤量进行计算,计算方法主要有两种:一是利用输沙率资料采用输沙率法计算河道冲淤量,计算结果见表 3-7;二是利用实测大断面资料采用断面法计算河道冲淤量,计算结果见表 3-8。

表 3-7　宁夏河段输沙率法冲淤量及冲淤厚度

项目	河段	时段	1960-11~1968-10	1968-11~1986-10	1986-11~1999-10	1999-11~2018-10	1986-11~2018-10	1960-11~2018-10
冲淤量（亿 t）	下青河段	非汛期	0.126	0.089	0.052	0.042	0.046	0.071
		汛期	-0.182	-0.002	-0.014	-0.019	-0.017	-0.035
		全年	-0.056	0.087	0.038	0.023	0.029	0.036
	青石河段	非汛期	-0.234	-0.132	-0.142	-0.128	-0.133	-0.147
		汛期	-0.120	0.057	0.287	0.102	0.177	0.099
		全年	-0.354	-0.075	0.145	-0.026	0.044	-0.048
	宁夏河段	非汛期	-0.108	-0.043	-0.090	-0.086	-0.087	-0.076
		汛期	-0.302	0.055	0.273	0.083	0.160	0.064
		全年	-0.410	0.012	0.183	-0.003	0.073	-0.012
冲淤厚度（m）	下青河段	非汛期	0.111	0.079	0.045	0.037	0.041	0.063
		汛期	-0.160	-0.002	-0.012	-0.017	-0.015	-0.031
		全年	-0.049	0.077	0.033	0.020	0.026	0.032
	青石河段	非汛期	-0.035	-0.020	-0.021	-0.019	-0.020	-0.022
		汛期	-0.018	0.009	0.043	0.015	0.027	0.015
		全年	-0.053	-0.011	0.022	-0.004	0.007	-0.007
	宁夏河段	非汛期	-0.014	-0.005	-0.012	-0.011	-0.011	-0.010
		汛期	-0.038	0.007	0.035	0.011	0.020	0.008
		全年	-0.052	0.002	0.023	0	0.009	-0.002

注:下青河段指下河沿—青铜峡河段、青石河段指青铜峡—石嘴山河段,下同。下青河段冲淤量扣除了青铜峡库区冲淤量。

表 3-8　宁蒙河段断面法冲淤量及冲淤厚度

项目	河段	1993 年 5 月至 2001 年 12 月			2001 年 12 月至 2012 年 11 月			2012 年 11 月至 2018 年 11 月			1993 年 5 月至 2018 年 11 月		
		主槽	滩地	全断面	主槽	滩地	全断面	主槽	滩地	全断面	主槽	滩地	全断面
冲淤量（亿 t）	下青河段	-0.009	0.007	-0.003	-0.001	0.013	0.012	0.070	0.021	0.091	0.009	0.013	0.022
	青石河段	0.090	0.022	0.112	-0.038	0.100	0.063	-0.050	0.030	-0.020	-0.011	0.071	0.060
	宁夏河段	0.081	0.029	0.109	-0.039	0.113	0.075	0.020	0.051	0.071	-0.002	0.084	0.082
冲淤厚度（m）	下青河段	-0.008	0.006	-0.003	-0.001	0.011	0.011	0.062	0.018	0.080	0.008	0.011	0.019
	青石河段	0.013	0.003	0.017	-0.006	0.015	0.009	-0.007	0.004	-0.003	-0.002	0.011	0.009
	宁夏河段	0.010	0.004	0.014	-0.005	0.014	0.010	0.003	0.007	0.009	0	0.011	0.010

3.2.1.1　年际冲淤特点

年际冲淤特点为河道有冲有淤、冲淤交替变化,多年冲淤基本平衡。

1960 年以来宁夏河段不同时期冲淤量见表 3-7。1960 年 11 月至 1968 年 10 月宁夏河段年均冲刷 0.410 亿 t,1968 年 11 月至 1986 年 10 月宁夏河段年均淤积 0.012 亿 t,1986 年 11 月至 2018 年 10 月年均淤积 0.073 亿 t。从 1960 年以来宁夏河段年冲淤量变化(见图 3-10)看,宁夏河段有冲有淤,冲刷与淤积交替发生,多年冲淤基本平衡。1960 年 11 月至 2018 年 10 月多年平均冲刷 0.012 亿 t。

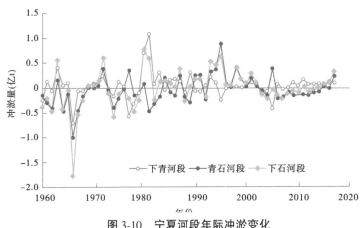

图 3-10　宁夏河段年际冲淤变化

3.2.1.2　年内冲淤特点

年内冲淤特点为下青河段非汛期淤积、汛期冲刷,1969 年以后非汛期淤积和汛期冲刷幅度减弱;青石河段非汛期冲刷,1969 年以后汛期由冲刷转为淤积。

下青河段 1960 年 11 月至 1968 年 10 月非汛期年均淤积 0.126 亿 t(见图 3-11),汛期年均冲刷 0.182 亿 t;1968 年 11 月至 1986 年 10 月非汛期年均淤积 0.089 亿 t,汛期微冲,年均冲刷 0.002 亿 t;1986 年 11 月至 2018 年 10 月非汛期年均淤积 0.046 亿 t,汛期年均冲刷 0.017 亿 t。下青河段表现出了非汛期淤积、汛期冲刷,非汛期淤积和汛期冲刷幅度减弱的特点。

青石河段 1960 年 11 月至 1968 年 10 月非汛期年均冲刷 0.234 亿 t(见图 3-12),汛期也为冲刷,年均冲刷 0.120 亿 t;1968 年 11 月至 1986 年 10 月非汛期年均冲刷 0.132 亿 t,汛期由冲刷转为淤积,年均淤积 0.057 亿 t,1986 年 11 月至 2018 年 10 月非汛期年均冲刷 0.133 亿 t,汛期淤积加重,年均淤积 0.177 亿 t。青石河段表现出了非汛期冲刷,汛期由冲刷转淤积的特点。

3.2.1.3　纵向冲淤特点

纵向冲淤特点为下青河段冲淤幅度小,青石河段冲淤幅度大,是影响宁夏河段冲淤量变化的主体。

1960 年 11 月至 1968 年 10 月下青河段年均冲刷 0.056 亿 t、青石河段年均冲刷

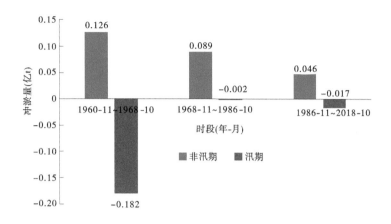

图 3-11　下青河段不同时段年内冲淤变化

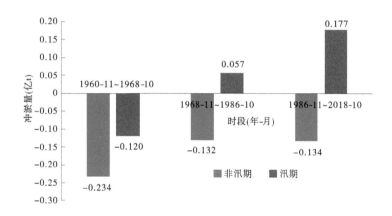

图 3-12　青石河段不同时段年内冲淤变化

0.354 亿 t,分别占宁夏河段冲刷总量的 13.7%、86.39%;1968 年 11 月至 1986 年 10 月下青河段年均淤积 0.087 亿 t、青石河段年均冲刷 0.075 亿 t;1986 年 11 月至 2018 年 10 月下青河段年均淤积 0.029 亿 t、青石河段年均淤积 0.044 亿 t,分别占宁夏河段淤积总量的 39.7%、60.3%。

3.2.1.4　横向冲淤特点

横向冲淤特点为主槽有冲有淤,滩地淤积。

宁夏河段 1993~2001 年主槽年均淤积 0.081 亿 t,滩地年均淤积 0.029 亿 t;2001~2012 年主槽年均冲刷 0.039 亿 t,滩地年均淤积 0.113 亿 t;2012~2018 年主槽年均淤积 0.020 亿 t,滩地年均淤积 0.051 亿 t。

下青河段 1993~2001 年主槽年均冲刷 0.009 亿 t,滩地年均淤积 0.007 亿 t;2001~2012 年主槽年均冲刷 0.001 亿 t,滩地年均淤积 0.013 亿 t;2012~2018 年主槽年均淤积 0.070 亿 t,滩地年均淤积 0.021 亿 t。

青石河段 1993~2001 年主槽年均淤积 0.090 亿 t,滩地年均淤积 0.022 亿 t;2001~2012 年主槽年均冲刷 0.038 亿 t,滩地年均淤积 0.100 亿 t;2012~2018 年主槽年均冲刷 0.050 亿 t,滩地年均淤积 0.030 亿 t。

横向冲淤变化影响河槽平滩流量。总的来看,由于宁夏河段冲淤变化幅度较小,平滩流量变化相对不大,1993~2018 年下河沿至青铜峡河段平滩流量在 2 600 m³/s 左右,青铜峡至石嘴山河段 2012 年以前平滩流量在 2 300 m³/s 左右,至 2018 年增大到 2 500 m³/s 左右。宁夏河段平滩流量变化见表 3-9。

表 3-9 宁夏河段不同时期断面平滩流量变化情况　　　　　　　　（单位:m³/s）

河段	河段	1993 年	2012 年	2018 年
下河沿—青铜峡	下河沿—清水河口	2 470	2 670	2 540
	清水河口—青铜峡库尾	2 640	2 720	2 680
	河段平均	2 570	2 680	2 595
青铜峡—石嘴山	青铜峡坝下—仁存渡	2 360	2 560	2 600
	仁存渡—头道墩	2 190	2 350	2 500
	头道墩—石嘴山	2 270	2 220	2 470
	河段平均	2 270	2 350	2 510

3.2.2　场次洪水冲淤特性

统计宁夏河段黄河干流 1960~2015 年的 87 场洪水,分析不同流量级洪水冲淤特性。根据不同含沙量级、流量级的冲淤情况,将一般含沙量非漫滩洪水根据下河沿含沙量划分含沙量级 3 kg/m³ 以下、3~7 kg/m³、7~20 kg/m³ 和 20 kg/m³ 以上,根据下河沿站流量划分 1 000 m³/s 以下、1 000~1 500 m³/s、1 500~2 000 m³/s、2 000~2 500 m³/s、2 500~3 000 m³/s、3 000 m³/s 以上 6 个流量级,分析不同含沙量级、流量级的冲淤规律。统计各含沙量级洪水冲淤统计情况见表 3-10~表 3-13。

3.2.2.1　含沙量小于 3 kg/m³

1960~2015 年宁夏河段共发生含沙量小于 3 kg/m³ 的非漫滩洪水 34 场,历时 708 d,下河沿来水量 1 099.83 亿 m³,来沙量 1.97 亿 t。此含沙量级洪水在宁夏河段冲刷 1.34 亿 t,其中下青河段冲刷 1.28 亿 t,青石河段冲刷 0.05 亿 t,分别占整个宁夏河段的 96.0%、4.0%。从不同流量级的冲刷情况看,冲刷量主要集中在流量在 2 500~3 000 m³/s 和 1 500~2 000 m³/s 两个流量级的洪水,宁夏河段分别冲刷 0.36 亿 t、0.29 亿 t,约占该类洪水总冲刷量的 26.6%、22.0%。

表 3-10　含沙量 3 kg/m³ 以下洪水分流量级分历时宁夏河段冲淤统计

流量级 (m³/s)	历时 (d)	场次	总历时 (d)	总沙量 (亿 t)	总水量 (亿 m³)	冲淤量（万 t）下青河段	青石河段	宁夏河段	冲淤效率（kg/m³）下青河段	青石河段	宁夏河段	排沙比（%）下青河段	青石河段	宁夏河段
1 000 以下	<10	1	6	0.01	4.5	135	84	219	3	2.9	4.9	44.4	63.6	40.2
	11~20	3	48	0.03	36.23	203	-260	-57	0.6	-0.8	-0.2	72.9	145.1	107.3
	21~30													
	>31													
1 000~1 500	<10	4	54	0.04	40.73	338	-176	162	0.8	-0.5	0.4	66	121.8	85.8
	11~20	2	15	0.04	17.11	-1 162	755	-407	-6.8	4.7	-2.4	307.9	56.1	172.8
	21~30	7	116	0.19	129.78	-847	-938	-1 785	-0.7	-0.9	-1.4	144.1	133.8	192.4
	>31	7	187	0.19	205.57	-492	-1 698	-2 190	-0.2	-1.1	-1.1	125.8	170.9	215.0
	小计	16	318	0.42	352.46	-2 501	-1 881	-4 382	-0.7	-0.7	-1.2	157.1	127.3	199.7
1 500~2 000	<10	1	10	0.03	13.66	46	-19	27	0.3	-0.2	0.2	86.8	106.5	92.4
	11~20	5	80	0.29	124	-3 017	45	-2 972	-2.4	0	-2.4	251.5	99.1	248.8
	21~30													
	>31													
	小计	6	90	0.32	137.66	-2 971	26	-2 945	-2.2	0	-2.1	227.2	99.5	225.8
2 000~2 500	<10													
	11~20	1	18	0.09	33.84	-46	-425	-471	-0.1	-1.5	-1.4	104.5	140	146.3
	21~30	1	25	0.06	48.33	-1 184	-58	-1 242	-2.4	-0.1	-2.6	316.6	103.4	327.2
	>31	2	69	0.32	139.57	0	719	719	0	0.7	0.5	100	84.3	84.3
	小计	4	112	0.47	221.74	-1 230	236	-994	-0.6	0.1	-0.4	120.1	96.8	116.2
2 500~3 000	<10	1	20	0.07	43.34	-338	-578	-916	-0.8	-1.5	-2.1	160.4	164.3	263.7
	11~20	1	25	0.05	59.62	-501	-928	-1 429	-0.8	-1.7	-2.4	214.8	199	427.6
	21~30													
	>31	1	49	0.2	108.59	-1 490	273	-1 217	-1.4	0.3	-1.1	181.9	91.8	166.0
	小计	3	94	0.32	211.54	-2 329	-1 233	-3 562	-1.1	-0.7	-1.7	182.7	123.9	225.4
>3 000	<10													
	11~20													
	21~30													
	>31	1	40	0.4	135.69	-4 138	2 499	-1 639	-3	2	-1.2	221.5	66.9	148.0
	小计	1	40	0.4	135.69	-4 138	2 499	-1 639	-3	2	-1.2	221.5	66.9	148.0
总计		34	708	1.97	1 099.83	-12 831	-529	-13 361	-1.2	-0.1	-1.2	164	101.6	165.8

注：冲淤效率为河段冲淤量除以河段来水量，冲刷即为冲刷效率，淤积即为淤积效率；排沙比＝河段出口的沙量除以进入河段的沙量，下同。

表3-11 含沙量3~7 kg/m³ 洪水分流量级分历时宁夏河段冲淤统计

流量级 (m³/s)	历时 (d)	场次	总历时 (d)	总沙量 (亿t)	总水量 (亿m³)	冲淤量 (万t) 下青河段	青石河段	宁夏河段	冲淤效率 (kg/m³) 下青河段	青石河段	宁夏河段	排沙比 (%) 下青河段	青石河段	宁夏河段
1000以下	<10													
	11~20													
	21~30	1	22	0.1	18.34	761	146	907	4.1	1.2	4.9	53.5	85.2	48.0
	>31													
	小计	1	22	0.1	18.34	761	146	907	4.1	1.2	4.9	53.5	85.2	48.0
1000~1500	<10	2	18	0.1	20.83	663	-169	494	3.2	-1.1	2.4	45.5	127.5	61.3
	11~20	5	68	0.29	78.02	634	118	752	0.8	0.2	1.0	82.9	96.4	81.0
	21~30													
	>31													
	小计	7	86	0.39	98.85	1297	-51	1246	1.3	-0.1	1.3	73.7	101.3	76.2
1500~2000	<10	4	37	0.31	57.59	172	-497	-325	0.3	-0.9	-0.6	93.8	118.7	111.5
	11~20	1	20	0.1	25.95	0	-717	-717	0	-2.8	-2.8	100	172	172.0
	21~30	1	25	0.15	34.2	535	145	680	1.6	0.6	2.0	63.4	84.4	53.5
	>31	3	253	2.00	425.73	2548	1272	3820	0.6	0.4	0.9	88.7	93.7	79.6
	小计	9	335	2.56	543.47	3255	203	3458	0.6	0	0.6	88.3	99.2	84.7
2000~2500	<10													
	11~20	1	19	0.27	41.04	0	-560	-560	0	-1.7	-1.4	100	145.7	145.7
	21~30	4	99	0.95	182.24	727	-1822	-1095	0.4	-1	-0.6	92	121.7	112.0
	>31													
	小计	5	118	1.22	223.28	727	-2382	-1655	0.3	-1.1	-0.7	92.9	124.7	100.0
2500~3000	<10	1	16	0.15	35.24	0	-1644	-1644	0	-4.7	-4.7	100	212.1	116.0
	11~20													
	21~30													
	>31	4	181	1.64	437.71	-3931	-4877	-8808	-0.9	-1.2	-2.0	128.8	127.6	212.1
	小计	5	197	1.79	472.95	-3931	-6521	-10452	-0.8	-1.5	-2.2	126	134.1	164.2
3000以上	<10													
	11~20													
	21~30													
	>31	2	94	1.16	255.92	-64	1515	1451	0	0.7	0.6	100.6	86.9	87.4
	小计	2	94	1.16	255.92	-64	1515	1451	0	0.7	0.6	100.6	86.9	87.4
总计		29	852	7.22	1612.81	2045	-7090	-5045	0.126	-0.501	-0.3	97.12	110.12	114.8

表 3-12　含沙量 7~20 kg/m³ 洪水分流量级分历时宁夏河段冲淤统计

流量级 (m³/s)	历时 (d)	场次	总历时 (d)	总沙量 (亿t)	总水量 (亿m³)	冲淤量 (万t)			冲淤效率 (kg/m³)			排沙比 (%)		
						下青河段	青石河段	宁夏河段	下青河段	青石河段	宁夏河段	下青河段	青石河段	宁夏河段
1 000 以下	<10													
	11~20	1	17	0.13	11.89	834	462	1 296	7	9	10.9	45.9	36.8	17.2
	21~30													
	>31													
	小计	1	17	0.13	11.89	834	462	1 296	7	9	10.9	45.9	36.8	17.2
1 000~1 500	<10	3	22	0.29	25.08	-676	1 538	862	-2.7	8.2	3.4	129.5	48.7	62.9
	11~20	2	26	0.25	26.34	481	43	524	1.8	0.2	2.0	77.9	97.5	76.5
	21~30													
	>31													
	小计	5	48	0.55	51.42	-195	1 581	1 386	-0.4	4	2.7	104.4	66.7	69.6
1 500~2 000	<10	1	8	0.18	12.61	0	274	274	0	2.7	2.2	100	79.7	79.7
	11~20	1	12	0.14	15.97	169	686	855	1.1	6.5	5.4	87	52.4	46.9
	21~30													
	>31													
	小计	2	20	0.32	28.58	169	960	1 129	0.6	4.7	4.0	93.6	65.6	61.8
2 000~2 500	<10	2	29	0.73	51.88	0	1 065	1 065	0	2.3	2.1	100	82	82.0
	11~20	1	25	0.43	52.2	-970	710	-260	-1.9	1.8	-0.5	129.9	83.3	108.0
	>31													
	小计	3	54	1.16	104.08	-970	1 775	805	-0.9	2.1	0.8	111.3	82.5	91.2
2 500~3 000	<10	1	15	0.38	33.84	0	-260	-260	0	-0.8	-0.8	100	106.9	106.9
	11~20	2	56	1.14	129.68	-3 159	1 228	-1 931	-2.4	1.1	-1.5	153.7	86.5	132.6
	小计	3	71	1.51	163.52	-3 159	969	-2 190	-1.9	0.7	-1.3	132.8	92.5	122.6
3 000 以上	<10													
	11~20													
	21~30													
	>31	2	67	1.74	208.24	0	-2 584	-2 584	0	-1.4	-1.2	100	134	134.0
	小计	2	67	1.74	208.24	0	-2 584	-2 584	0	-1.4	-1.2	100	134	134.0
总计		16	277	5.41	567.73	-3 321	3 163	-158	-0.6	0.7	0	109.7	91.9	100.4

表 3-13　含沙量 20 kg/m³ 以上洪水分流量级分历时宁夏河段冲淤统计

流量级 (m³/s)	历时 (d)	场次	总历时 (d)	总沙量 (亿t)	总水量 (亿m³)	冲淤量(万t) 下青河段	冲淤量(万t) 青石河段	冲淤量(万t) 宁夏河段	冲淤效率(kg/m³) 下青河段	冲淤效率(kg/m³) 青石河段	冲淤效率(kg/m³) 宁夏河段	排沙比(%) 下青河段	排沙比(%) 青石河段	排沙比(%) 宁夏河段
1 000 以下	<10	1	5	0.09	4.12	834	215	1 049	20.2	10.2	25.5	45.4	75.6	38.8
	11~20													
	21~30													
	>31													
	小计	1	5	0.09	4.12	834	215	1 049	20.2	10.2	10.2	45.4	75.6	38.8
1 000~1 500	<10													
	11~20													
	21~30													
	>31													
	小计													
1 500~2 000	<10													
	11~20													
	21~30													
	>31													
	小计													
2 000~2 500	<10													
	11~20	1	13	0.54	24.79	0	1 141	1 141	0	5.2	5.2	100	71.4	71.4
	21~30													
	>31													
	小计	1	13	0.54	24.79	0	1 141	1 141	0	5.2	5.2	100	71.4	71.4
总计		2	18	0.63	28.91	834	1 356	2 190	2.9	5.6	5.6	84.7	72.1	61.6

从该含沙量级下不同流量级洪水在宁夏河段沿程冲淤情况来看,当流量小于 1 000 m³/s 时下青段表现为淤积,青石段表现为冲刷,整个宁夏河段表现为淤积,淤积效率为 0.4 kg/m³;当流量在 1 000~1 500 m³/s,整个宁夏河段呈现冲刷,整个宁夏河段冲刷效率为 1.2 kg/m³;流量在 1 500~2 000 m³/s,青石河段基本冲淤平衡,下青河段呈现冲刷,整个宁夏河段冲刷效率为 2.1 kg/m³,冲刷量进一步加大;流量在 2 000~2 500 m³/s,青石河段微淤,下青河段冲刷量减小,整个宁夏河段的冲刷效率为 0.4 kg/m³;当流量在 2 500~3 000 m³/s,宁夏河段全线冲刷,冲刷效率提高且冲刷效率较为平均,整个宁夏河段的冲刷效率为 1.7 kg/m³。下河沿站流量大于 3 000 m³/s 的洪水只发生一场,由于河道冲淤调整,青石河段转为淤积,整个宁夏河段冲刷效率有所降低,为 1.2 kg/m³。

从不同流量级下排沙比来看,宁夏河段 1 000 m³/s 以下、1 000~1 500 m³/s、1 500~2 000 m³/s、2 000~2 500 m³/s、2 500~3 000 m³/s、3 000 m³/s 以上 6 个流量级的洪水排沙比分别为 85.8%、199.7%、225.8%、116.2%、225.4%、148.0%,1 500~2 000 m³/s 和 2 500~3 000 m³/s 流量级排沙比较大。

3.2.2.2　含沙量 3~7 kg/m³

该含沙量级非漫滩洪水共发生 29 场,下河沿来水量 1 612.81 亿 m³,下河沿来沙量 7.22 亿 t,洪水总历时 852 d,本含沙量级洪水,宁夏河段共冲刷了 0.504 5 亿 t 泥沙,青石河段冲刷效率较高。

从该含沙量级下不同流量级洪水在宁夏河段表现来看,随着洪水平均流量的增大,宁夏河段逐步由淤积转为冲刷,且随着流量的进一步增大,冲刷效率先增大后减小。2 000 m³/s 以下流量洪水在宁夏河段以淤积为主。当流量达到 2 000~2 500 m³/s 时,宁夏河段发生冲刷,冲刷效率为 0.8 kg/m³。当流量达到 2 500~3 000 m³/s 时,宁夏河段冲刷效率达到最大 2.2 kg/m³,分河段均发生冲刷。当流量大于 3 000 m³/s 时,下青河段基本冲淤平衡,青石河段转为淤积状态,宁夏河段的淤积效率为 0.6 kg/m³。

从不同流量级下排沙比来看,宁夏河段 1 000 m³/s 以下、1 000~1 500 m³/s、1 500~2 000 m³/s、2 000~2 500 m³/s、2 500~3 000 m³/s、3 000 m³/s 以上 6 个流量级的洪水排沙比分别为 48.0%、76.2%、84.7%、116.0%、168.8%、87.4%,宁夏河段最大排沙比 168.8%,出现在 2 500~3 000 m³/s 流量级。

3.2.2.3　含沙量 7~20 kg/m³

该含沙量级洪水共发生 16 场,下河沿站来水量 567.73 亿 m³,来沙量 5.41 亿 t,洪水总历时 277 d,该含沙量级洪水宁夏河段冲刷泥沙 0.015 8 亿 t,其中下青河段冲刷了 0.321 亿 t,青石河段淤积了 0.316 3 亿 t。含沙量 7~20 kg/m³ 的洪水在青石河段淤积严重。

从该含沙量级下不同流量级洪水在宁夏河段表现来看,随着洪水平均流量的增大,宁夏河段逐步由淤积转为冲刷。该含沙量级下洪水流量小于 1 500 m³/s 时宁夏河段淤积较为严重,流量大于 1 500 m³/s 以后淤积迅速减轻,流量大于 2 500 m³/s 以后表现为冲刷。

3.2.2.4　含沙量大于 20 kg/m³

该含沙量级洪水共发生 2 场,下河沿站来水量 28.91 亿 m³,来沙量 0.63 亿 t,洪水总历时 18 d,该含沙量级洪水宁夏河段淤 0.219 0 亿 t 泥沙,其中下青河段淤积了 0.083 4 亿 t,青石河段淤积了 0.135 6 亿 t。该含沙量级洪水在青石河段淤积严重,占整个宁夏河段淤积量的 62%,下青河段淤积占宁夏河段的 38%。虽然该含沙量级洪水发生场次较少,但还是能够看出随着流量级的增大,整个宁夏河段的淤积效率呈降低趋势。

综上分析,从不同水沙、历时洪水搭配在宁夏河段的整体表现来看(见图 3-13),随着流量级的增大,20 kg/m³ 以下不同含沙量级的淤积效率不断减小,直至转为冲刷,含沙量 3 kg/m³ 以下、3~7 kg/m³、7~20 kg/m³,由淤积转为冲刷的流量分别在 1 000~1 500 m³/s 流量级、1 500~2 000 m³/s 流量级、2 000~2 500 m³/s 流量级;含沙量大于 20 kg/m³,以淤积为主。

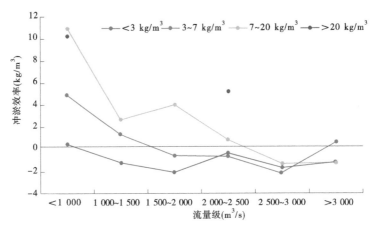

图 3-13　宁夏河段不同流量级不同含沙量级冲淤效率变化

3.2.3　典型历史大洪水冲淤分析

3.2.3.1　1981 年洪水冲淤情况

1. 洪水情况

1981 年 8 月 13 日至 9 月 12 日,黄河上游各地 31 d 连阴雨,总雨量大大超过历年同期值,一般超过 1 倍。雨区中心的青海久治站降雨量达 318 mm,洮河上游郎木寺站为 274 mm。据分析,黄河唐乃亥以上 12.2 万 km² 的地区,200 mm 以上的降雨面积约 5.2 万 km²,250 mm 以上的降雨面积约 3.0 万 km²。总的来说,其降雨范围之广,连续降雨日数之多,降雨量之大,为有资料记录以来所罕见。

暴雨形成的洪水表现出峰高量大、持续时间长、峰型肥厚等特征,黄河各站天然洪峰流量均突破建站后水文纪录(见表 3-14),黄河唐乃亥水文站(龙羊峡水库入库)9 月 13 日出现 5 570 m³/s 的洪峰流量,为建站以来最大值,相当于 180 年一遇。由于龙羊峡水库施工围堰蓄水,经拦洪下泄流量为 3 770 m³/s,削减洪峰流量为 1 800 m³/s。经推算,若无龙羊峡水库调蓄,刘家峡水库 9 月 15 日天然入库洪峰流量将为 6 270 m³/s,兰州站天然洪峰流量将为 6 900 m³/s,下河沿站天然洪峰流量将为 6 700 m³/s,而实际刘家峡站入流量仅为 5 200 m³/s,兰州站仅为 5 600 m³/s,下河沿站仅为 5 900 m³/s,各站削峰接近 20%。进入宁夏河段的洪峰虽有削减,但是洪量仍然较大(见表 3-15),下河沿站最大 45 d 洪水总量为 147 亿 m³,若加上上游刘家峡水库调蓄量 12 亿 m³,则天然洪水总量达到 159 亿 m³。1981 年下河沿站径流还原前后的洪水过程线见图 3-14。

表 3-14 1981 年洪水与历史洪水情况

站名	1981 年		历史最大(除 1981 年外)	
	洪峰流量 (m³/s)	出现时间 (月-日)	洪峰流量 (m³/s)	出现时间 (年-月-日)
吉迈	1 360	09-07	1 010	1975-06-29
玛曲	4 330	09-16	2 880	1963-09-26
唐乃亥	5 570	09-13	3 520	1967-07-17
刘家峡	5 240(6 270)	09-15	5 350	1967-09-10
兰州	5 600(6 900)	09-15	5 900	1946-09-13
下河沿	5 898*(6 700)	09-16	6 050*	1964-07-28
青铜峡	6 037*(6 700)	09-17	6 230	1946-09-16
石嘴山	5 660*(6 300)	09-21	5 820	1946-09-18

注:下河沿站最大洪峰=5 780(黄河)+98.4(美利渠)+20(复兴渠)=5 898 m³/s。青铜峡站最大洪峰=5 870(黄河)+167(唐徕渠)=6 037 m³/s。有( )者为推算天然洪峰,有*者为已加渠道引水量。

表 3-15 1981 年各站洪水峰量情况

站名	洪峰流量 (m³/s)	最大 45 d 洪水总量 (亿 m³)	起止时间 (月-日)
兰州	5 600(6 900)	143(155)	09-02~10-16
下河沿	5 900*(6 700)	147(159)	09-04~10-18
青铜峡	6 040*(6 700)	142(154)	09-04~10-18
石嘴山	5 660*(6 300)	148(160)	09-06~10-20

注:有( )者为推算天然洪峰,有*者为已加渠道引水量。

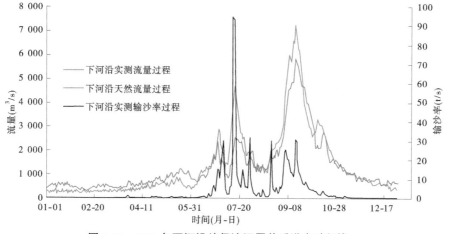

图 3-14 1981 年下河沿站径流还原前后洪水过程线

2. 洪水冲淤情况

宁夏河段 1981 年洪水前后未进行河道大断面测量(仅水文站断面汛前、汛后有观测资料),采用输沙率法计算 6~11 月洪水期的冲淤量(见表 3-16),1981 年宁夏河段呈冲刷状态,冲刷量为 2 228 万 t。

表 3-16 1981 年洪水期间(6~11 月)宁夏河段冲淤量

干流水沙条件			冲淤量 (万 t)	支流沙量(亿 t)
水量(亿 m³)	沙量(亿 t)	含沙量(kg/m³)		
316.86	1.103	3.48	-2 228	0.255

下河沿、青铜峡、石嘴山等水文站 1981 年汛前、汛后断面套绘见图 3-15~图 3-17。由图 3-15~图 3-17 中可以看到,1981 年大洪水发生前后,下河沿、青铜峡和石嘴山 3 个水文站河槽底部均发生了不同程度的冲刷,下河沿水文站河槽底部冲刷深度约 1 m,青铜峡水文站河槽底部冲刷深度约 0.5 m,石嘴山水文站河槽底部冲刷深度 1~1.5 m。

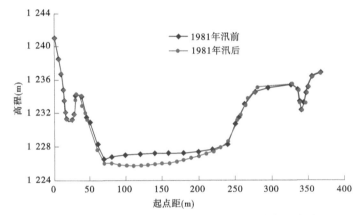

图 3-15 下河沿水文站 1981 年汛前、汛后实测大断面套绘图

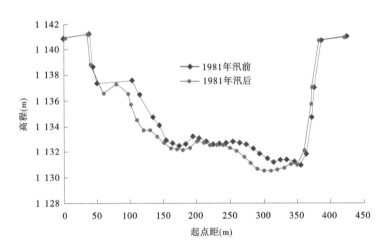

图 3-16 青铜峡水文站 1981 年汛前、汛后实测大断面套绘图

3.2.3.2 2012 年洪水冲淤情况

1.洪水情况

2012 年 6 月下旬,黄河上游出现覆盖面广、持续时间长的降雨过程,黄河上游干支流

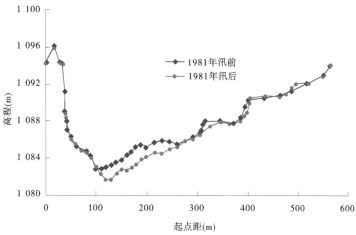

图 3-17　石嘴山水文站 1981 年汛前、汛后实测大断面套绘图

自 6 月下旬至 9 月中旬先后发生了洪水,黄河宁夏河段出现多次洪峰过程,形成自 1989 年以来黄河宁夏河段的最大洪水,下河沿站最大洪峰流量为 3 520 m³/s(8 月 27 日 9 时),青铜峡站最大洪峰流量为 3 070 m³/s(8 月 28 日 19 时),石嘴山站最大洪峰流量为 3 400 m³/s(8 月 31 日 20 时)。本次洪水特点表现为历时长、洪量大、水位高、大流量持续时间长。2012 年洪水持续时间为 71 d,超过历史大洪水的历时(1967 年洪水历时最长,为 62 d)。下河沿水文站流量保持在 3 000 m³/s 以上的时间为 11 d,2 500 m³/s 以上的持续时间为 28 d,2 000 m³/s 以上的持续时间为 45 d。石嘴山水文站流量在 2 000 m³/s 以上的持续时间达到 49 d,2 500 m³/s 以上的持续时间为 38 d。

　　2012 年、1981 年洪水对比情况见表 3-17。2012 年洪水特点表现为:一是洪水历时长,洪量大。受上游龙羊峡水库与刘家峡水库联合调蓄影响,2012 年洪水持续时间为 71 d,下河沿水文站最大 45 d 洪水总量为 102.2 亿 m³,加上上游龙羊峡水库与刘家峡水库调蓄约 50 亿 m³,最大 45 d 洪水总量约为 152.2 亿 m³(2012 年下河沿站径流还原前后的洪水过程线见图 3-18),接近于历史上发生的洪峰流量为 5 000 m³/s 左右的洪水总量。二是大流量洪水持续时间长。黄河宁夏段经历了流量在 2 000 m³/s 以上的 54 d 洪水过程,持续时间较 1981 年大洪水多 7 d。三是水位涨幅较大。由于 1989 年以来黄河未发生较大洪水,河槽淤积萎缩严重,加之河道采砂侵占河道等,致使过流能力下降,同流量对应的洪水水位较高,漫滩损失较大。

表 3-17　2012 年洪水与 1981 年洪水对比

站名	2012 年		1981 年	
	洪峰流量(m³/s)	出现时间(月-日)	洪峰流量(m³/s)	出现时间(月-日)
下河沿	3 520	08-27	5 900	09-16
青铜峡	3 070	08-28	6 040	09-17
石嘴山	3 400	08-31	5 660	09-21

2. 洪水冲淤情况

采用输沙率法计算 6~11 月洪水期的淤积量(见表 3-18)为 387 万 t。在批复的《黄河

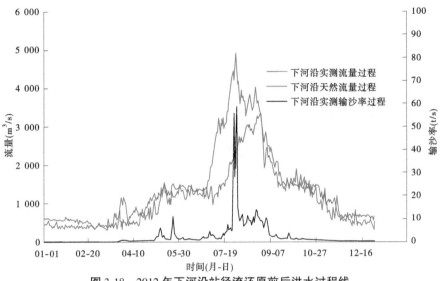

图 3-18 2012 年下河沿站径流还原前后洪水过程线

宁夏河段二期防洪工程可行性研究》报告成果中,利用宁夏河段 2011 年汛前、2012 年汛后断面计算得到主槽冲刷 3 603 万 t,滩地淤积 3 909 万 t,总体淤积 306 万 t,见表 3-19。

表 3-18 2012 年洪水期间(6~11 月)宁夏河段冲淤量

干流水沙条件			输沙率法冲淤量	支流沙量(亿 t)
水量(亿 m³)	沙量(亿 t)	含沙量(kg/m³)	(万 t)	
259.71	0.616	2.37	387	0.099

表 3-19 宁夏河段 2012 年洪水前后断面法冲淤量　　　　　(单位:万 t)

主槽	滩地	全断面
-3 603	3 909	306

3.2.4 水库排沙特性

黄河干流宁夏河段有沙坡头水利枢纽和青铜峡水利枢纽。

3.2.4.1 沙坡头水利枢纽

沙坡头水利枢纽位于下河沿水文站以上约 2 km,距离上游规划的黑山峡大柳树坝址 12.1 km,距离下游已建青铜峡水利枢纽 122 km。沙坡头水利枢纽是国家实施西部大开发战略建设的十大标志性工程之一,工程于 2000 年 12 月开工建设,2004 年 3 月下闸蓄水,当月第 1 台机组投运,2005 年 5 月底所有(6 台)机组全部投运,河床电站装机容量 116 MW,除此之外在南、北干渠渠首各有 1 台装机容量分别为 1.2 MW 和 3.1 MW 的贯流式机组。沙坡头水库正常蓄水位 1 240.5 m,原始库容 0.26 亿 m³,目前剩余库容 0.17 亿 m³(沙坡头水库累计淤积量过程见图 3-19),库区冲淤基本平衡。水库库容小,无水沙调节能力。

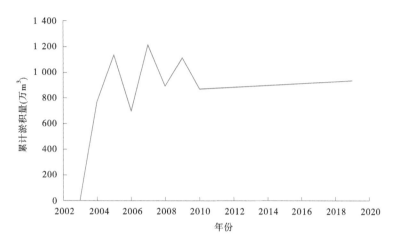

图 3-19 沙坡头水库累计淤积量过程

3.2.4.2 青铜峡水利枢纽

青铜峡水利枢纽位于宁夏回族自治区青铜峡市境内的黄河上游青铜峡峡谷出口处，上距刘家峡电站 565 km，下距银川市 80 km，坝址以上流域面积 27.5 万 km²，水库正常蓄水位 1 156.00 m，水库原设计库容为 6.06 亿 m³。青铜峡水电站属日调节水库，是一座以灌溉、发电为主，结合防凌、供水等综合利用的水利枢纽工程，现总装机容量为 327 MW。

青铜峡水库运用方式可分为三个阶段：1967～1971 年为第一阶段，水库蓄水运用，仅 5 年时间（到 1971 年汛末）水库大部分库容被淤掉，库容由设计的 6.06 亿 m³ 减至 0.79 亿 m³（青铜峡水库累计淤积量过程见图 3-20），损失达 87%；第二阶段 1972～1976 年，水库采取汛期降低水位蓄清排浑运用，基本控制了库区淤积发展；第三阶段 1977 年开始持续至今，采用蓄水运行与沙峰期排沙、汛末低水位集中冲沙相结合的运行方式，1991 年以后结合水沙预报，实施汛期洪水沙峰"穿堂过"结合汛末冲库拉沙的运用方式，库区冲淤基本平衡，库容一般在 0.23 亿～0.59 亿 m³ 变化。

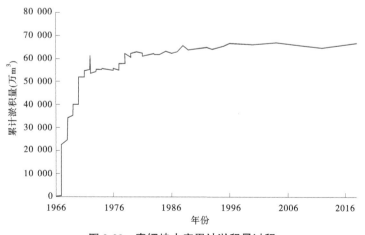

图 3-20 青铜峡水库累计淤积量过程

　　青铜峡水库汛末集中冲库拉沙运用期间,泥沙大部分来自于青铜峡库区,冲库拉沙运用期间出库含沙量大,排沙期间下游河床以淤积为主,对青铜峡至石嘴山河段河床冲淤有一定影响。图3-21为青铜峡水库汛末冲库拉沙运用期间下游河段沿程的含沙量变化情况,可以看到青铜峡水库拉沙期间含沙量在青铜峡至石嘴山河段有明显的降低,原因是泥沙沿程落淤。分析统计青铜峡水库13次汛末拉沙期间下游河段的冲淤量,青铜峡至头道拐河段的淤积总量为0.828亿t,其中青铜峡至石嘴山河段淤积量为0.748亿t,占青铜峡至头道拐河段淤积总量的90.2%,说明青铜峡水库汛末拉沙期主要影响在宁夏青铜峡至石嘴山河段,对石嘴山以下河道基本没有影响。

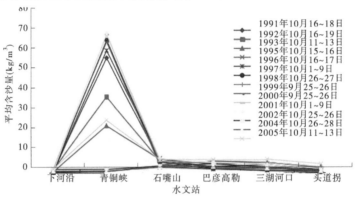

图3-21　青铜峡水库汛末冲库拉沙运用期间下游河段含沙量沿程变化

　　大洪水时,青铜峡水库低水位敞泄排沙,使沙峰"穿堂过",尽量避免水库淤积,对水库下游河床的冲淤影响与汛末冲库拉沙相比较小。选取1991年以前青铜峡水库低水位大流量排沙的几场典型洪水进行河道冲淤分析,图3-22为排沙期间平均含沙量的沿程变化,可以看到青铜峡出库含沙量低于汛末集中冲库拉沙期的出库含沙量,青铜峡至石嘴山河段含沙量也是减小的,但幅度明显减小,河床冲淤主要受自然来水来沙条件影响。

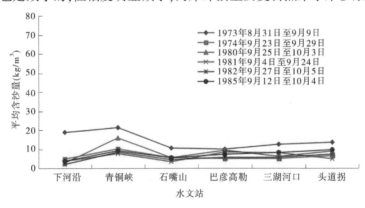

图3-22　青铜峡水库低水位排沙大流量排沙时下游河道含沙量沿程变化

3.3　小　结

（1）宁夏干流下河沿站 1950～2018 年多年平均径流量为 296.5 亿 m^3，多年平均输沙量为 1.14 亿 t，干流水沙年际变化大、年内分配不均。20 世纪 60 年代以来，干流水沙量减少，1986 年 11 月至 2018 年 10 月龙羊峡水库、刘家峡水库联合运用期间，下河沿站多年平均水量为 260.0 亿 m^3、多年平均沙量为 0.61 亿 t，与 1968 年以前相比，水量减少 23.4%、沙量减少 70.7%。水沙量年内分配比例发生明显变化，汛期水量比例由 1968 年以前的 61.9% 减少至 1986 年以后的 43.4%，汛期沙量比例由 1968 年以前的 87.2% 减少至 1986 年以后的 78.9%。有利于输沙的大流量过程减少，汛期日均流量大于 2 000 m^3/s 出现的天数由 1968 年以前的 54.0 d 减少至 1986 年以后的 5.3 d。

宁夏河段较大的支流有清水河、红柳沟、苦水河和都思兔河等，1960 年 11 月至 2018 年 10 月，宁夏河段支流多年平均水量为 4.80 亿 m^3，沙量为 0.329 亿 t，含沙量为 68.49 kg/m^3。支流来沙含量高，同时其水沙特性与干流水沙一样，具有年际变化大、年内分配不均的特点，从不同时期变化看，宁夏支流水沙没有明显的趋势性变化。

宁夏河段引黄灌溉历史悠久。1960 年 11 月至 2018 年 10 月，宁夏灌区多年平均引水量为 74.73 亿 m^3，多年平均引沙量 0.251 亿 t。引水主要集中在 4～11 月，占全年引水量的 98.2%，引沙更为集中，7～8 月引沙量所占比例为 67.7%。从不同时期变化看，灌区引水在青铜峡水库建成后，基本处于稳定，灌区平均引水量 80 亿 m^3 左右。

（2）宁夏河段年际有冲有淤、冲淤交替变化，多年冲淤基本平衡，1960 年 11 月至 2018 年 10 月多年平均冲刷 0.012 亿 t；年内冲淤上下不同，下青河段非汛期淤积、汛期冲刷，1969 年以后非汛期淤积和汛期冲刷幅度减弱；青石河段非汛期冲刷，1969 年以后汛期由冲刷转为淤积。纵向冲淤青石河段冲淤幅度大，是影响宁夏河段冲淤量变化的主体；横向冲淤主槽有冲有淤，滩地以淤积为主。

从场次洪水冲淤特性看，随着流量级的增大，20 kg/m^3 以下不同含沙量级的淤积效率不断减小，直至转为冲刷，含沙量 3 kg/m^3 以下、3～7 kg/m^3、7～20 kg/m^3，由淤积转为冲刷的流量分别在 1 000～1 500 m^3/s 流量级、1 500～2 000 m^3/s 流量级、2 500～3 000 m^3/s 流量级；含沙量大于 20 kg/m^3，以淤积为主。

以 1981 年和 2012 年洪水为典型剖析漫滩洪水冲淤特点，1981 年洪水下河沿洪峰流量 5 900 m^3/s，6～11 月干流洪水水量 316.86 亿 m^3、沙量 1.103 亿 t，区间支流来沙 0.255 亿 t，输沙率法计算河道冲刷量为 2 228 万 t。2012 年洪水下河沿洪峰流量 3 520 m^3/s，6～11 月干流洪水水量 259.71 亿 m^3、沙量 0.616 亿 t，区间支流来沙 0.099 亿 t，输沙率法计算河道淤积量为 387 万 t，利用 2011 年汛前和 2012 年汛后计算主槽冲刷 3 603 亿 t，滩地淤积 3 909 万 t，总体淤积 306 万 t。

第 4 章　2018 年洪水水沙分析

4.1　洪水形成过程分析

4.1.1　洪水成因

4.1.1.1　气候

2018 年汛期,欧亚高空环流形势存在显著的阶段性变化。6 月中下旬,500 hPa 欧亚中高纬度环流形势较为稳定,为两槽一脊型,西风带多短波槽活动(见图 4-1),西太平洋副热带高压在 6 月中旬位置偏东、偏南,下旬副高脊线北跳到北纬 25°并不断西伸,脊点到达东经 118°,位置偏西、偏北,势力偏强。

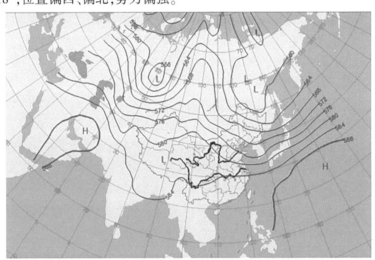

图 4-1　6 月中下旬 500 hPa 平均环流形势图

7 月上旬,欧亚中高纬度调整为两脊一槽型,贝加尔湖附近为宽广的低压槽区,低槽底部不断有短波槽携带冷空气东移南下进入黄河上游,受 7 号台风“派比安”的影响,旬内副高偏东,在日本海以东形成一高压单体(见图 4-2)。在此期间,印缅槽稳定、偏强。在西风槽、副高、印缅槽共同作用下,西南暖湿气流与西风带弱冷空气多次在黄河上游交绥,造成 6 月 12 日至 7 月上旬唐乃亥以上持续降水,平均降水量较常年同期均值偏多58%。

8 月,亚洲中纬度地区受平直的纬向环流控制,多短波槽活动,副高仍维持偏西偏北,短波槽携带的冷空气与副高西侧以及孟加拉湾北上的暖湿气流易产生交汇,黄河上游累积降水量偏多 5 成以上。10 月,东亚沿海槽进一步加深加强,副高南压至 22°N 以南,受槽后偏北气流影响,黄河流域降水整体偏少。

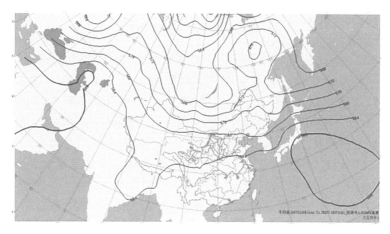

图 4-2　7 月上旬 500 hPa 平均环流形势图

4.1.1.2　降雨

2018 年 7~10 月,黄河流域平均降水量 385.2 mm,较常年(310.6 mm)偏多 24%。黄河流域上游暴雨过程频繁,强降雨落区重叠度高、极端性强。与常年相比,黄河上游降雨显著偏多,兰州以上与兰托区间分别偏多 50% 和 100%。汛期上游主要致洪降雨过程如下:

(1)6 月 12 日至 7 月 10 日,唐乃亥以上降水天气持续,平均降水量较常年同期偏多 58%,期间共出现 3 次区域性大雨过程,分别是 7 月 1 日、7 月 7 日和 7 月 10 日,并且这三场强降水落区重叠度高,降水中心均位于黄河支流白河、黑河。上述 3 日唐乃亥以上面雨量分别为 10.5 mm、8.8 mm 和 5.2 mm,最大日降水出现在 7 月 7 日若尔盖站 55 mm。雨日多、降水量大,导致黄河干流玛曲、军功、唐乃亥等主要控制站流量持续上涨,唐乃亥站出现了 2018 年黄河第 1 号洪水,最大洪峰流量 3 440 m³/s。7 月 1~4 日黄河流域降雨量图见图 4-3。

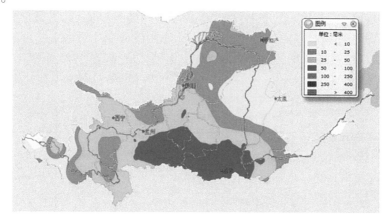

图 4-3　2018 年 7 月 1~4 日黄河流域降雨量图

(2)7 月 18~19 日,黄河上游部分地区及山陕北部局部遭受暴雨袭击,大雨至暴雨中心主要位于大夏河、洮河、兰州附近及干流宁夏河段,强降雨主要发生在 19 日 3~5 时,最大 1 h 雨强 48.4 mm(大水沟口站),最大日降水量 85.9 mm(石嘴山站)。19 日白天降水强度明显增强,鄂尔多斯市多地小时雨强达到 20~30 mm,当日兰托区间面雨量 23.9 mm,最大日降水量 78.5 mm(塔尔湾站)。

　　(3)7 月 22~23 日,黄河上游大部有一次中到大雨、局部暴雨降水过程。其中,22 日雨强最大,降水范围最广,兰州以上大雨笼罩面积达 3.75 万 km²,局部暴雨,最大日降水量 57.7 mm(民和站),当日兰州以上面雨量 17.9 mm。受强降雨影响,兰州站 7 月 23 日洪峰流量 3 610 m³/s,形成黄河 2 号洪水。宁夏河段强降雨主要集中在 22 日夜间至 23 日凌晨,属局地强对流降水,最大 1 h 雨强 39.2 mm(塔塔沟站),最大日降水量 64.3 mm(石嘴山站)。23 日雨区移至内蒙古河段,分为杭锦旗和包头两个暴雨中心,当日兰托区间面雨量 24.2 mm。强降水导致宁蒙河段多条支流出现较大洪水。

　　(4)8 月 1~3 日,上游唐兰区间出现强降水过程,整体以中雨为主,局部伴有短时强降水。1 日甘肃临夏局部降暴雨,2 日为降雨最强日,当日甘肃临夏、永登和兰州市区多站降暴雨,最大日降水达 81.9 mm(乩臧站),3 日甘肃临夏再降暴雨,最大日降水量 95.8 mm(刘集站)。受此影响,刘兰区间支流庄浪河红崖子站 2 日 20 时洪峰流量 511 m³/s,为 1968 年以来最大流量。

　　(5)8 月 24 日至 9 月 19 日,唐乃亥以上再次进入多雨时段,与 6 月中旬至 7 月上旬的降水过程相比,这次降水强度不大,以小雨为主,但降水持续时间长,累计降水量大。期间共出现 2 个区域性大雨日,分别是 9 月 4 日和 19 日,4 日大雨区主要位于若尔盖—玛曲,19 日大雨区主要位于红原附近。受此影响,河源区再次涨水,唐乃亥站 9 月 20 日最大流量 2 420 m³/s,兰州站 9 月 20 日出现黄河 2018 年第 3 号洪水,洪峰流量 3 200 m³/s。

4.1.2　洪水过程

4.1.2.1　"黄河 2018 年第 1 号洪水"(龙羊峡以上暴雨洪水)

　　2018 年 6 月 12 日至 7 月 11 日黄河河源区持续降雨,导致河源区干支流持续涨水。玛曲站 12 日 20 时最大流量 2 870 m³/s,为 1959 年建站以来第 3 大流量,是 1981 年以来最大流量,军功站 13 日 6 时最大流量 3 180 m³/s,为 1979 年建站以来第 2 大流量;7 月 8 日 11 时唐乃亥站流量涨至 2 500 m³/s,形成"黄河 2018 年第 1 号洪水",13 日 10 时 36 分出现 3 440 m³/s 的洪峰流量,该流量持平 2012 年最大值,同为 1989 年以来最大流量,列 1955 年建站以来第 6 位。唐乃亥站次洪水量 74.75 亿 m³。上游主要站洪水特征值见表 4-1,流量过程线见图 4-4。

表 4-1　"黄河 2018 年第 1 号洪水"主要站特征值

站点	最大流量 (m³/s)	最大流量 出现时间 (月-日 T 时:分)	洪水开始时间 (月-日 T 时:分)	洪水结束时间 (月-日 T 时:分)	水量 (亿 m³)
玛曲	2 870	07-12T20:00	06-20T08:00	08-01T08:00	52.48
军功	3 180	07-13T06:00	06-21T08:00	08-02T08:00	61.36
唐乃亥	3 440	07-13T10:36	06-22T08:00	08-03T08:00	74.75

4.1.2.2　"黄河 2018 年第 2 号洪水"(刘兰区间暴雨洪水)

　　7 月 22~23 日刘家峡至兰州区间发生强降雨,黄河兰州站 7 月 23 日 8 时 18 分洪峰

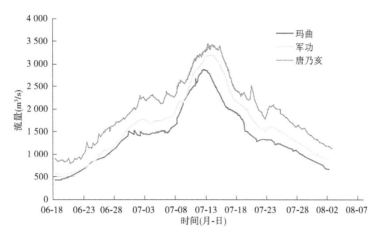

图 4-4　"黄河 2018 年第 1 号洪水"主要站流量过程线

流量 3 610 m³/s,形成"黄河 2018 年第 2 号洪水"。本次洪水兰州站次洪水量 3.05 亿 m³。
黄河安宁渡站 23 日 23 时 18 分洪峰流量 3 460 m³/s,下河沿站 24 日 13 时 42 分洪峰流量
2 910 m³/s。主要站流量过程线见图 4-5,主要站洪水特征值见表 4-2。

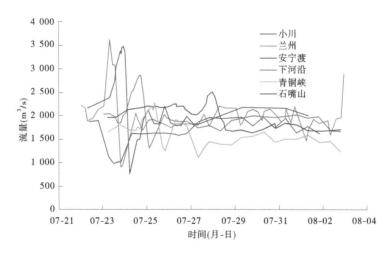

图 4-5　"黄河 2018 年第 2 号洪水"主要站流量过程线

表 4-2　"黄河 2018 年第 2 号洪水"主要站特征值

站点	最大流量 （m³/s）	最大流量出现时间 （月-日 T 时:分）	洪水开始时间 （月-日 T 时:分）	洪水结束时间 （月-日 T 时:分）	水量 （亿 m³）
小川	1 900	07-22T08:00	07-21T00:00	07-23T08:00	2.21
兰州	3 610	07-23T08:18	07-22T08:00	07-23T20:00	3.05
安宁渡	3 460	07-23T23:18	07-22T08:00	07-24T06:00	2.20
下河沿	2 910	07-24T13:42	07-23T08:00	07-25T06:00	2.68
青铜峡	2 260	07-25T09:30	07-24T08:00	07-25T00:00	2.41
石嘴山	2 500	07-27T23:02	07-27T08:00	07-28T00:00	2.71

4.1.2.3 "黄河 2018 年第 3 号洪水"(上游来水叠加形成的兰托河段洪水)

受河源区持续来水及龙刘区间、刘兰区间加水影响,兰州站 9 月初以后一直维持较大流量,9 月 20 日 2 时 18 分流量 3 200 m³/s,形成"黄河 2018 年第 3 号洪水",26 日 23 时洪峰流量 3 590 m³/s,至 10 月上旬兰州站流量一直在 3 000 m³/s 以上。宁蒙河段也出现了入汛以来最大洪水过程,下河沿站 9 月 28 日 16 时 42 分洪峰流量 3 540 m³/s,青铜峡站 10 月 5 日 14 时最大流量 3 260 m³/s,均为 1989 年以来最大流量;石嘴山站 10 月 7 日 17 时最大流量 3 500 m³/s,巴彦高勒站 10 月 4 日 14 时最大流量 3 020 m³/s,三湖河口站 10 月 4 日 17 时最大流量 3 060 m³/s,该三站为 1985 年以来最大洪水;包头站 10 月 5 日 2 时最大流量 3 140 m³/s,头道拐站 10 月 6 日 20 时最大流量 2 900 m³/s,该两站为 2012 年以来最大洪水。本次洪水历时 87 d,兰州站总水量 191 亿 m³。主要站流量过程线见图 4-6 和图 4-7,主要站洪水特征值见表 4-3。

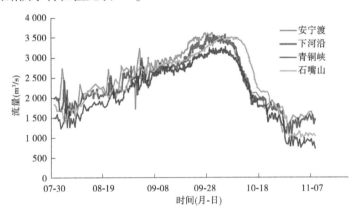

图 4-6 "黄河 2018 年第 3 号洪水"甘肃、宁夏河段主要站流量过程线

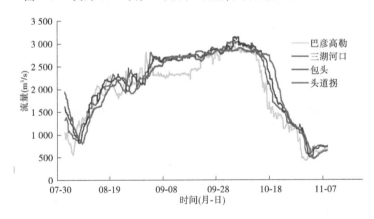

图 4-7 "黄河 2018 年第 3 号洪水"内蒙古河段主要站流量过程线

表 4-3　"黄河 2018 年第 3 号洪水"主要站特征值

站点	最大流量 （m³/s）	最大流量 出现时间 （月-日 T 时:分）	洪水开始时间 （月-日 T 时:分）	洪水结束时间 （月-日 T 时:分）	水量 （亿 m³）
小川	3 140	09-30T17:00	07-31T08:00	10-26T08:00	159.56
兰州	3 590	09-26T23:00	08-01T06:00	10-27T06:00	190.99
安宁渡	3 610	09-27T14:00	08-01T08:00	10-27T08:00	196.53
下河沿	3 570	10-05T11:00	08-02T08:00	10-28T08:00	187.24
青铜峡	3 260	10-05T14:00	08-02T20:00	10-28T20:00	171.10
石嘴山	3 500	10-07T17:00	08-04T08:00	10-30T08:00	192.48
巴彦高勒	3 020	10-04T14:00	08-05T08:00	10-31T08:00	158.96
三湖河口	3 060	10-04T17:00	08-06T08:00	11-01T08:00	170.01
包头	3 140	10-05T02:00	08-07T20:00	11-02T20:00	171.21
头道拐	2 900	10-06T20:00	08-08T20:00	11-03T20:00	168.34

4.1.3　水库调度影响

4.1.3.1　2018 年洪水情况

2018 年 6~11 月龙羊峡以上连续降雨形成了 2 个明显的入库洪水过程(入库唐乃亥站流量过程见图 4-8),其中 6 月中旬至 7 月上旬的"黄河 2018 年第 1 号洪水"较大,唐乃亥站洪峰流量为 3 440 m³/s,但"黄河 2018 年 1 号洪水"经龙羊峡水库大量拦蓄后,削平了洪水峰量,导致龙羊峡出库的贵德站没有产生明显的洪峰;紧接着在刘家峡水库以下的刘兰区间强降水形成了"黄河 2018 年第 2 号洪水",兰州站洪峰流量为 3 610 m³/s,"黄河 2018 年第 2 号洪水"来于刘兰区间支流,洪水历时短,对比刘家峡出库小川站和兰州站沙量过程(见图 4-9),可以看到区间支流来洪水的同时也带来了大量泥沙;"黄河 2018 年第 2 号洪水"发生期间乃至以后,龙羊峡水库、刘家峡水库继续缓慢蓄水,尽量压减下泄流量,但受产洪区域位置和库容条件限制,作用已不明显;随着上游龙羊峡等水库拦蓄作用减弱,加之河源区持续来水及龙刘区间、刘兰区间加水影响,进入 9 月逐渐在兰州以下形成了"黄河 2018 年第 3 号洪水",兰州站洪峰流量为 3 590 m³/s。

4.1.3.2　龙羊峡水库和刘家峡水库径流还原前、后进入宁夏河段的水沙条件

实测水沙条件代表龙刘水库拦洪调节条件下的水沙条件,2018 年 6~11 月下河沿站实测来水量为 308.44 亿 m³,其中 1 500 m³/s 流量历时长达 3 个多月,相应洪水总量 238 亿 m³,超过 1981 年、2012 年洪水同条件下的水量;6~11 月下河沿站来沙量为 1.414 亿 t,为 20 世纪 80 年代以来同期最大,沙峰过程与洪峰过程不同步,来沙主要集中在 7 月、8 月,7~8 月来沙量为 1.090 亿 t,平均含沙量为 10.25 kg/m³,相应平均流量为 1 985 m³/s;洪水期间宁夏河段清水河、红柳沟、清水沟、苦水河等支流也有较大来沙,三条支流总计来

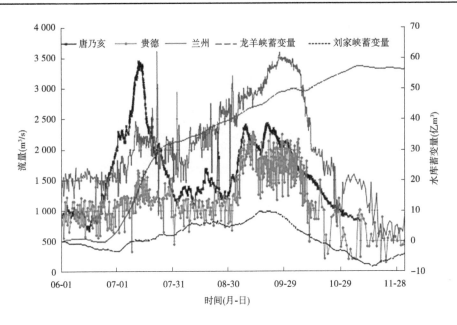

图 4-8　黄河上游龙刘水库蓄水过程与水文站洪水流量过程

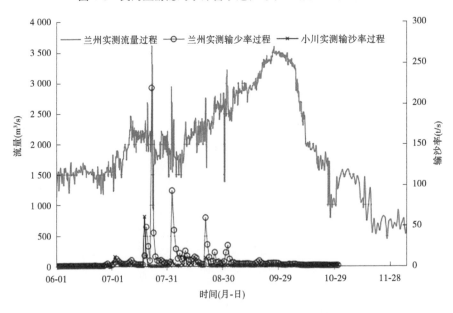

图 4-9　黄河上游水文站 2018 年洪水流量与输沙率过程

沙量为 0.297 亿 t,平均含沙量为 112.5 kg/m³,来沙主要集中在 7~8 月,为 0.257 亿 t,占来沙总量的 86.9%。

　　考虑龙羊峡水库和刘家峡水库调节影响,根据龙羊峡水库和刘家峡水库逐日蓄水量变化,对下河沿站 2018 年径流过程进行还原计算(2018 年洪水期沙量主要来自刘家峡以下至兰州区间的支流以及宁夏河段区间的支流,不受龙羊峡水库和刘家峡水库调节影响,因此本书不对泥沙进行还原),考虑水流传播时间为 2 d,分析得到下河沿站径流过程的计算公式如下：

$$W_i = W_{si} + (V'_{i-2} - V_{i-2})$$

式中：W_i 表示还原后的第 i 天的水量；W_{si} 表示下河沿站实测第 i 天的水量；V'_{i-2} 表示第 $i-2$ 天末的水库蓄水量；V_{i-2} 表示第 $i-2$ 天初的水库蓄水量。

按照上述公式计算得到 2018 年 6~11 月下河沿站还原后水沙条件，见图 4-10。龙羊峡水库、刘家峡水库防洪调度运用减小了进入宁夏河段的洪水峰量，2018 年 6~11 月还原后下河沿站水量为 372.70 亿 m³，较还原前实测水量多 19.26 亿 m³；对比下河沿站还原后流量过程与还原前实测流量过程，可以看出，还原后的流量有两个较大的洪峰过程，其中7 月的第一个洪峰因为龙羊峡水库和刘家峡水库的调蓄作用而被削减掉；第二个洪峰过程龙羊峡水库和刘家峡水库削减作用较小。与实测沙量过程对比看，下河沿站来沙量最大的时刻在 7 月 25 日，而还原后的流量最大出现在 7 月 13 日，还原后的洪峰过程与沙峰过程仍然不同步。

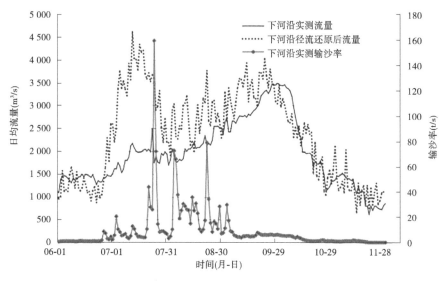

图 4-10　2018 年洪水下河沿站实测与还原流量过程对比

4.2　洪水泥沙来源与组成分析

根据上游洪水形成与演进的分析情况，以 6~11 月分析上游洪水泥沙来源与组成。

4.2.1　干流

4.2.1.1　水沙总量

2018 年全年干流下河沿水文站总来水量 429.60 亿 m³，总来沙量 1.458 亿 t；青铜峡水文站总来水量 367.40 亿 m³，总来沙量 1.505 亿 t；石嘴山水文站总来水量 401.90 亿 m³，总来沙量 1.376 亿 t。6~11 月下河沿水文站总来水量 308.44 亿 m³，总来沙量 1.414亿 t；6~11 月青铜峡水文站总来水量 258.86 亿 m³，总来沙量 1.453 亿 t；6~11 月石嘴山水文站总来水量 290.13 亿 m³,总来沙量 1.234 亿 t,见表 4-4。

表 4-4　2018 年宁夏河段干支流水沙量统计

站点	6~11 月(洪水期)		全年	
	水量(亿 m³)	沙量(亿 t)	水量(亿 m³)	沙量(亿 t)
下河沿	308.44	1.414	429.60	1.458
青铜峡	258.86	1.453	367.40	1.505
石嘴山	290.13	1.234	401.90	1.376

4.2.1.2　不同流量级水沙量

统计 2018 年 6~11 月宁夏河段干流主要站点不同流量级水沙量如表 4-5 所示。

表 4-5　宁夏黄河干流水文站 6~11 月不同流量级水沙量统计

流量级 (m³/s)	下河沿				青铜峡				石嘴山			
	天数 (d)	水量 (亿 m³)	沙量 (亿 t)	含沙量 (kg/m³)	天数 (d)	水量 (亿 m³)	沙量 (亿 t)	含沙量 (kg/m³)	天数 (d)	水量 (亿 m³)	沙量 (亿 t)	含沙量 (kg/m³)
0~1 000	12	7.96	0.002	0.25	63	44.88	0.038	0.85	52	40	0.068	1.70
1 000~2 000	98	132.42	0.676	5.10	68	92.78	0.902	9.72	56	73.92	0.405	5.48
2 000~3 000	54	113.03	0.642	5.68	37	81.10	0.406	5.01	53	113.37	0.65	5.73
3 000~4 000	19	55.03	0.095	1.73	15	40.11	0.107	2.67	22	62.84	0.111	1.77
合计	183	308.44	1.415	4.58	183	258.87	1.453	5.61	183	290.13	1.234	4.25

2018 年 6~11 月下河沿水文站总来水量 308.44 亿 m³,总来沙量 1.414 亿 t。低于 1 000 m³/s 的小流量和大于 3 000 m³/s 的大流量洪水发生时间较短,水沙量也较少,来水、来沙主要集中在 1 000~3 000 m³/s 流量级。其中 1 000~2 000 m³/s 流量级发生 98 d,占总天数的 54%,来水量占总水量的 44%,来沙量占总沙量的 48%;2 000~3 000 m³/s 流量级发生 54 d,占总天数的 30%,来水量占总水量的 37%,来沙量占总沙量的 45%;3 000 m³/s 以上流量级发生 19 d,来水、来沙量也相对较小。

2018 年 6~11 月青铜峡水文站总来水量 258.87 亿 m³,总来沙量 1.453 亿 t。与下河沿水文站相同,低于 1 000 m³/s 的小流量和大于 3 000 m³/s 的大流量洪水发生时间较短,水沙量也较少,来水、来沙主要集中在 1 000~3 000 m³/s 流量级。其中 1 000~2 000 m³/s 流量级发生 68 d,占总天数的 37%,来水量占总水量的 36%,来沙量占总沙量的 62%;2 000~3 000 m³/s 流量级发生 37 d,占总天数的 20%,来水量占总水量的 31%,来沙量占总沙量的 28%。

2018 年 6~11 月石嘴山水文站总来水量 290.13 亿 m³,总来沙量 1.234 亿 t。同样,低于 1 000 m³/s 的小流量和大于 3 000 m³/s 的大流量洪水发生时间较短,水沙量也较少,来水、来沙主要集中在 1 000~3 000 m³/s 流量级。其中 1 000~2 000 m³/s 流量级发生 56 d,占总天数的 31%,来水量占总水量的 25%,来沙量占总沙量的 33%;2 000~3 000 m³/s

流量级发生 53 d,占总天数的 29%,来水量占总水量的 39%,来沙量占总沙量的 53%。

从沿程流量变化看,2018 年 6~11 月下河沿站 1 000 m³/s、2 000 m³/s 以上流量级天数分别达到 171 d、73 d,相应水量分别达到 300.48 亿 m³、168.06 亿 m³。经宁夏灌区(引水集中在青铜峡坝前)分洪调节后,青铜峡断面 1 000 m³/s、2 000 m³/s 以上流量级天数有所减少,分别为 120 d、52 d,相应水量分别达到 213.99 亿 m³、121.2 亿 m³。退水后至石嘴山断面 1 000 m³/s、2 000 m³/s 以上流量级天数有所增加,分别为 131 d、75 d,相应水量分别达到 250.13 亿 m³、176.21 亿 m³。

4.2.1.3　分组泥沙量

根据 2018 年下河沿水文站实测月均泥沙颗粒级配表,计算 2018 年 6~11 月下河沿站分组泥沙量如表 4-6 所示。从表 4-6 中可以看出,下河沿站 6~11 月来沙主要集中在 0.008~0.062 mm 粒径组,该部分泥沙量为 0.743 亿 t,约占总来沙量的 53%,粒径大于 0.125 mm 的粗颗粒泥沙量很少,仅为 0.055 亿 t。2018 年 6~11 月下河沿站泥沙级配曲线与下河沿站多年平均泥沙级配曲线对比见图 4-11。由图 4-11 可知,2018 年 6~11 月下河沿站泥沙级配曲线与下河沿多年平均泥沙级配曲线相似,表明 2018 年洪水期来沙组成没有大的变化。

表 4-6　2018 年 6~11 月下河沿站分组泥沙量

粒径组 (mm)	0.002 以下	0.002~ 0.004	0.004~ 0.008	0.008~ 0.016	0.016~ 0.031	0.031~ 0.062	0.062~ 0.125	0.125~ 0.25	0.25~ 0.5	0.5~ 1	合计
沙量 (亿 t)	0.162	0.135	0.177	0.215	0.252	0.276	0.143	0.040	0.014	0.001	1.415
百分数 (%)	11.44	9.54	12.51	15.19	17.81	19.51	10.11	2.83	0.99	0.07	100

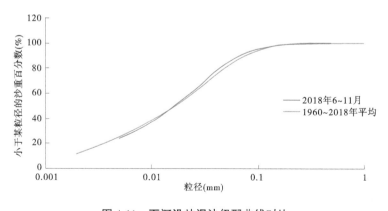

图 4-11　下河沿站泥沙级配曲线对比

4.2.2　区间支流来水来沙

统计 2018 年宁夏河段区间支流来水见表 4-7,2018 年宁夏河段主要支流总来水量为

3.67 亿 m³,来沙量为 0.300 亿 t。6~11 月宁夏河段主要支流总来水量为 2.64 亿 m³,来沙量为 0.297 亿 t,平均含沙量为 112.5 kg/m³,来水、来沙主要集中在 7~8 月,占来水总量的 58.3%,占来沙总量的 86.9%。2018 年 7~8 月期间下青河段支流清水河、红柳沟来水量分别为 0.77 亿 m³、0.15 亿 m³,来沙量分别为 0.197 亿 t、0.046 亿 t,来水平均含沙量分别为 256.82 kg/m³、307.38 kg/m³;青石河段支流苦水河来水量 0.62 亿 m³,来沙量为 0.015 亿 t,来水平均含沙量为 24.97 kg/m³。三条支流洪水期日均含沙量过程见图 4-12。

表 4-7　2018 年 6~11 月宁夏河段干支流水沙量统计

支流	水文站	6~11 月			7~8 月			全年		
		水量 (亿 m³)	沙量 (亿 t)	含沙量 (kg/m³)	水量 (亿 m³)	沙量 (亿 t)	含沙量 (kg/m³)	水量 (亿 m³)	沙量 (亿 t)	含沙量 (kg/m³)
清水河	泉眼山	1.26	0.209	165.87	0.77	0.197	256.82	1.77	0.209	118.1
红柳沟	鸣沙洲	0.24	0.055	229.17	0.15	0.046	307.38	0.33	0.057	172.7
苦水河	郭家桥	1.14	0.033	28.95	0.62	0.015	24.97	1.57	0.034	21.7
小计		2.64	0.297	112.5	1.54	0.258	167.5	3.67	0.300	81.7

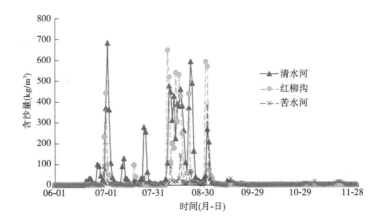

图 4-12　2018 年洪水期宁夏主要支流日均含沙量过程

4.3　小　结

(1)2018 年西南暖湿气流与西风带弱冷空气多次在黄河上游交汇,造成 2018 年黄河上游降雨较往年明显偏多,在黄河上游形成了 3 次编号洪水。"黄河 2018 年第 1 号洪水"主要产自黄河上游龙羊峡以上暴雨,7 月 8 日 11 时唐乃亥站洪峰流量 2 500 m³/s;"黄河 2018 年第 2 号洪水"主要产自黄河刘兰区间暴雨,7 月 23 日 8 时 18 分兰州站洪峰流量 3 610 m³/s;"黄河 2018 年第 3 号洪水"形成于兰州以下,9 月 26 日 23 时兰州站洪峰流量 3 590 m³/s。

(2)黄河上游发生的 3 个编号洪水,龙羊峡水库、刘家峡水库进行了防洪调度运用,减小了进入宁夏河段的洪水峰量。下河沿水文站天然流量过程有两个较大的洪峰过程，其中第 1 个编号洪水 7 月上旬龙羊峡以上的暴雨洪水，已完全被龙羊峡水库的拦蓄作用削平；紧接着的第 2 个编号洪水位于刘兰区间，洪峰、沙峰过程尖瘦，龙羊峡水库和刘家峡水库继续蓄水压减下泄流量，但是由于防洪要求和地理位置限制，难以进行有效调控；至进入第 3 个编号洪水时，龙羊峡水库和刘家峡水库蓄水已接近极限，在兰州以下形成了一个较大的洪水峰量过程。

（3）2018 年 6~10 月宁夏河段进口下河沿水文站总来水量 308.44 亿 m^3，总来沙量 1.414 亿 t，洪水水量与沙量分别为 20 世纪 90 年代和 80 年代以来最大，1 500 m^3/s 以上洪水历时长达 3 个多月，洪水总量 238 亿 m^3，超过 2012 年同条件下的实测洪水总量。但洪峰过程与沙峰过程不同步，来沙主要集中在 7 月、8 月，7~8 月平均含沙量为 10.25 kg/m^3，相应平均流量为 1 985 m^3/s；7 月 25 日日均含沙量最大为 91.38 kg/m^3，相应日均流量仅为 1 740 m^3/s，水沙关系不协调。

洪水期间宁夏河段支流来水含沙量高、来沙量大。清水河、红柳沟、苦水河等三条主要支流总来水量为 2.64 亿 m^3，来沙量为 0.297 亿 t，平均含沙量为 112.5 kg/m^3，来水来沙主要集中在 7~8 月，占来水总量的 58.3%、来沙总量的 86.9%。2018 年 7~8 月下青河段支流清水河、红柳沟来水量分别为 0.77 亿 m^3、0.15 亿 m^3，来沙量分别为 0.197 亿 t、0.046 亿 t，来水平均含沙量分别为 256.82 kg/m^3、307.38 kg/m^3；青石河段支流苦水河来水量 0.62 亿 m^3，来沙量为 0.015 亿 t，来水平均含沙量为 24.97 kg/m^3。

第 5 章　2018 年洪水期河道冲淤分析

河道冲淤计算方法主要有两种:一是利用水文站输沙率资料采用输沙率法计算河道冲淤量,二是利用实测大断面资料采用断面法计算河道冲淤量。采用输沙率法计算的冲淤量可以给出不同时间尺度连续的冲淤量,但由于水文站测站位置距离远,无法给出不同空间尺度横向、纵向冲淤量,而采用断面法计算的冲淤量可以给出不同空间尺度在横向、纵向的冲淤量,但是往往由于断面测次时间跨度大,在冲淤量时间尺度上的连续性不如输沙率法。因此,两种方法各有优劣,可互为补充。

5.1　输沙率法冲淤量计算

5.1.1　计算方法

5.1.1.1　计算公式

根据黄河宁夏河段进入、输出的输沙资料及区间支流、引退水渠、风积沙等资料进行河段沙量平衡计算。优点是水文站输沙率资料连续、丰富,且具有较好的时间上、空间上的连续性。缺点是存在引、退水资料不足及测验误差等因素,导致输沙率法计算结果存在误差。

$$\Delta W_s = W_{s进} + W_{s支} + W_{s排} + W_{s风} - W_{s出} - W_{s引}$$

式中:ΔW_s 为河段冲淤量,亿 t;$W_{s进}$ 为河段进口沙量,亿 t;$W_{s支}$ 为支流来沙量,亿 t;$W_{s排}$ 为区间排水沟排沙量,亿 t;$W_{s风}$ 为入黄风积沙沙量(20 世纪 50 年代不考虑),亿 t;$W_{s出}$ 为河段出口沙量,亿 t;$W_{s引}$ 为区间引沙量,亿 t。

5.1.1.2　资料处理

水文泥沙资料已收集整理至 2018 年,其中 2017 年之前资料来源于水文年鉴资料,2018 年水沙资料为本次收集资料,但缺少引、退水沙资料。

对于缺少的 2018 年引水、引沙资料,通过《宁夏回族自治区 2018 年水资源公报》查得2018 年引水量,根据 2000~2017 年宁夏河段引水、引沙相关关系推求 2018 年宁夏河段引沙量。

5.1.2　计算结果

根据上述计算方法,计算 2018 年 6~11 月宁夏河段输沙率法冲淤量见表 5-1,日冲淤量累计过程见图 5-1。2018 年洪水期宁夏河段为淤积,输沙率法计算淤积量为 4 833 万 t,其中下青河段、青石河段分别淤积泥沙 2 315 万 t 和 2 518 万 t,分别占宁夏河段总淤积量的 47.4%、52.6%。从日冲淤量累计变化过程看,宁夏河段自 7 月开始逐渐淤积,至 9 月初,逐渐由淤积状态转为冲刷状态。从分组泥沙冲淤看,小于 0.025 mm 的细沙淤积

51.6%、0.025~0.05 mm 的中沙淤积 24.2%、大于 0.05 mm 的粗沙淤积 24.2%,其中大于
0.1 mm 的特粗沙淤积 8.0%,见表 5-2。

表 5-1　宁夏河段 2018 年洪水期输沙率法冲淤量

时段	来水量 (亿 m³)	来沙量 (亿 t)	含沙量 (kg/m³)	冲淤量(万 t)		
				下河沿—青铜峡	青铜峡—石嘴山	下河沿—石嘴山
6~11 月	308.4	1.414	4.58	2 315	2 518	4 833

注:扣除青铜峡库区冲淤量。

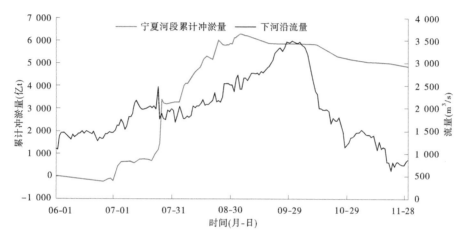

图 5-1　宁夏河段日冲淤量累计过程

表 5-2　宁夏河段 2018 年洪水期输沙率法分组泥沙冲淤量

粒径组(mm)	<0.025	0.025~0.05	0.05~0.08	0.08~0.1	0.05~0.1	>0.1	>0.05	>0.08	全沙
冲淤量(万 t)	2 494	1 169	531	250	781	389	1 170	639	4 833
百分数(%)	51.6	24.2	11.0	5.2	16.2	8.0	24.2	13.2	100.0

5.2　断面法冲淤量计算

5.2.1　断面资料分析及处理

　　根据断面收集情况,本次选择 2018 年 6 月、2018 年 11 月两次测验断面作为 2018 年
洪水期前后断面冲淤的计算断面。其中下河沿至青铜峡水库库尾布置有 24 个断面,青铜
峡坝下至石嘴山河段布置有 45 个断面(见图 5-2)。

　　结合 Google 影像资料、断面测量时的断面要素记录资料,对非河道自然冲淤影响的
断面地形变化进行合理修正(修正后的套绘断面见附图)。图 5-3 中 QS3 断面中 2018 年
汛后突变为石料厂修建造成,图 5-4 中 QS30 断面中 2018 年汛后断面形成平台为沙滩平
台的建设。

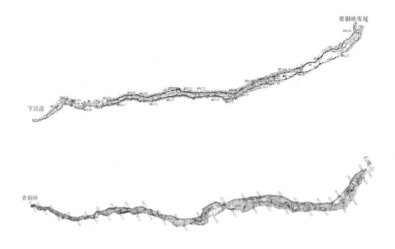

图 5-2　宁夏河段断面分布图

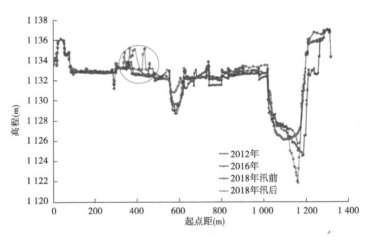

图 5-3　QS3 断面套绘图

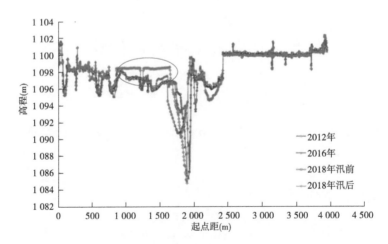

图 5-4　QS30 断面套绘图

5.2.2　计算方法

5.2.2.1　断面冲淤面积的计算

断面冲淤面积的计算如下:

$$S = S_1 - S_2$$

式中:S 为相邻两测次同一断面的冲淤面积,m^2;S_1、S_2 分别为相邻两测次在同一断面某一高程下的面积,m^2。

5.2.2.2　断面间冲淤量的计算

断面间冲淤量的计算如下:

$$\Delta V = \frac{S_u + S_d + \sqrt{S_u S_d}}{3} \Delta L$$

式中:ΔV 为相邻两断面间的冲淤体积,m^3;S_u、S_d 分别为上、下相邻断面的冲淤面积,m^2;ΔL 为相邻两断面的间距,m。

当 S_u、S_d 异号时,用梯形公式代替,即

$$\Delta V = 0.5 \Delta L (S_u + S_d)$$

5.2.3　计算结果

根据上述计算方法,计算 2018 年 6~11 月宁夏河段断面法冲淤量,结果见表 5-3,2018 年洪水期宁夏河段为淤积,断面法计算宁夏河段 2018 年洪水期淤积量为 4 886 万 t,其中主槽淤积 2 737 万 t,滩地淤积 2 149 万 t;下青河段、青石河段淤积量分别 2 361 万 t 和 2 525 万 t,占总淤积量的 48.3%、51.7%。下青河段、青石河段断面法沿程冲淤见图 5-5 和图 5-6。从沿程冲淤分布看,下青河段沿程基本以淤积为主,青石河段断面有冲有淤,发生淤积的断面主要集中在永宁至贺兰和平罗至石嘴山河段。

表 5-3　宁夏河段 2018 年洪水期(6~11 月)断面法冲淤量

项目	断面法冲淤量			备注 (输沙率法冲淤量)
	主槽	滩地	全断面	
下青河段(万 t)	1 686	675	2 361	2 315
青石河段(万 t)	1 051	1 474	2 525	2 518
全河河段(万 t)	2 737	2 149	4 886	4 833

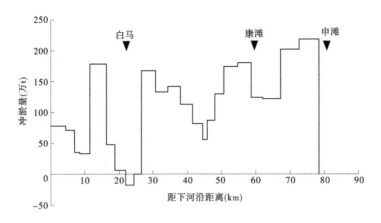

图 5-5　下青河段断面法计算沿程冲淤量图

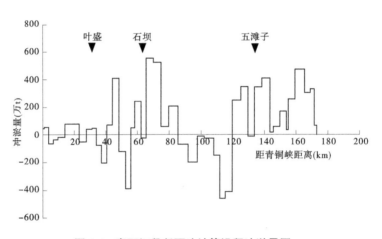

图 5-6　青石河段断面法计算沿程冲淤量图

5.3　洪水冲淤综合分析

　　从总量上看,2018 年洪水期间宁夏河段整体为淤积,断面法冲淤量计算淤积量为 4 886 万 t,输沙率法计算淤积量为 4 833 万 t,两种方法成果较为接近,断面法计算成果略大。从纵向看,2018 年洪水期间下青河段沿程以淤积为主,断面法计算得到的淤积量为 2 361 万 t,输沙率法计算得到的淤积量为 2 315 万 t;青石河段沿程有冲有淤,发生淤积的断面主要集中在永宁至贺兰和平罗至石嘴山河段,断面法计算得到的淤积量为 2 525 万 t,输沙率法计算得到的淤积量为 2 518 万 t。从横向看,2018 年洪水期间下青河段主槽淤积量 1 686 万 t,滩地淤积量 675 万 t,分别占全断面淤积量的 71.5%、28.5%,主槽淤积为主;青石河段主槽淤积量 1 051 万 t、滩地淤积量 1 474 万 t,分别占全断面淤积量的 41.6%、58.4%,滩地淤积为主。从淤积过程看,2018 年洪水期间淤积主要发生干流来沙期间和支流高含沙洪水期间,7 月 1 日至 8 月 31 日累计淤积量达到 5 969 万 t,6 月冲淤基本平衡,9 月以后出现持续冲刷,冲刷量 995 万 t(结合断面法滩、槽淤积量,可初步判断

9 月主槽冲刷约 3 000 万 t)。

宁夏河段 2018 年洪水峰量大,持续时间长,河道表现为淤积,主要原因是水沙关系不协调。2018 年洪水来沙量大,洪水期间进口干流来沙量 1.414 亿 t,区间支流来沙量 0.297 亿 t,两者合计达到 1.711 亿 t,如此大的来沙主要依靠干流来水进行输移。但是由于这些来沙主要产自刘家峡至兰州区间的祖厉河、湟水等支流以及本区间清水河等支流,这些支流的沙峰过程遭遇干流 2 500 m³/s 以下中小流量过程(7~8 月平均流量不足 2 000 m³/s),水沙关系不协调,下河沿 7~8 月平均含沙量为 10.25 kg/m³,来沙系数高达 0.005 2 kg·s/m⁶,同时期支流也集中来沙,支流高含沙洪水含沙量高达数百千克每立方米,清水河、红柳沟、苦水河等三条支流的最大日均含沙量分别达到 680.28 kg/m³、646.04 kg/m³、379.86 kg/m³。这样的水沙搭配条件下,宁夏河段在洪水初期就发生了淤积,这些淤积的泥沙主要发生在河槽内,后期虽有漫滩洪水,但是由于漫滩程度不高(下青河段洪水位平均高出滩面 0.1 m,青石河段洪水位平均高出滩面 0.6 m,见图 5-8、图 5-9)、来沙少,滩槽水沙交换并不充分,漫滩洪水淤滩刷槽作用不明显。因此,整个洪水期宁夏河段仍然表现为淤积,且滩、槽都有一定程度的淤积。

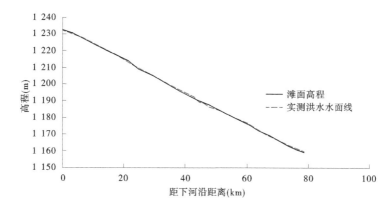

图 5-7　下青河段实测洪水位与滩面高程对比

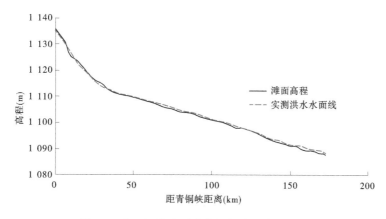

图 5-8　青石河段实测洪水位与滩面高程对比

表5-4为1981年、2012年和2018年洪水期宁夏河段干支流水沙量和冲淤量对比，图5-9~图5-11分别为2018年、1981年、2012年洪水期下河沿站水沙过程，可以看出，1981年洪水洪峰大、来沙少，洪峰沙峰基本同步，沙峰之后的洪水峰量更大，除此之外，区间支流来沙量也相对小些。可以判断，相对河道冲淤而言，1981年洪水比2018年洪水有利，计算1981年宁夏河段冲刷泥沙量为2 228万t(缺少河道断面资料，未能说明淤滩刷槽情况)。

2018年洪水与2012年洪水相比，2012年洪水洪峰与2018年相当，洪量比2018年小，但干支流来沙与2018年相比，2012年干流来沙仅占2018年干流来沙量的44%，沙峰之后的洪水峰量也较大，期间支流基本没有发生高含沙洪水，同时河道条件在前期发生了持续淤积萎缩。可以判断，相对河道冲淤而言，2012年洪水也比2018年有利，计算2012年宁夏河段淤积泥沙量为387万t，且是明显的淤滩刷槽。

表5-4　不同年份洪水期间(6~11月)宁夏河段水沙量与冲淤量比较

年份	干流洪水水沙条件				输沙率法冲淤量（万t）	备注：支流沙量（亿t）
	洪峰流量（m³/s）	水量（亿m³）	沙量（亿t）	含沙量（kg/m³）		
1981	5 900	316.86	1.103	3.48	-2 228	0.255
2012	3 520	259.71	0.616	2.37	387	0.099
2018	3 570	308.40	1.414	4.58	4 833	0.297

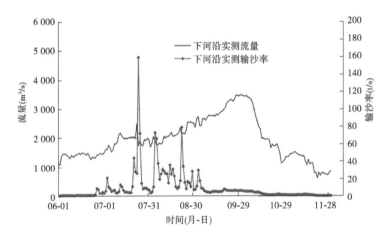

图5-9　下河沿站2018年洪水水沙过程

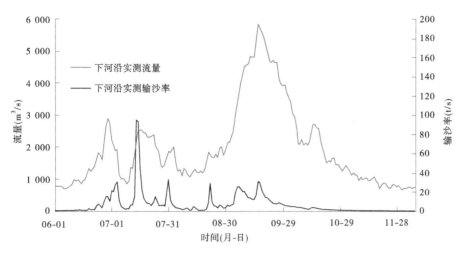

图 5-10　下河沿 1981 年洪水水沙过程

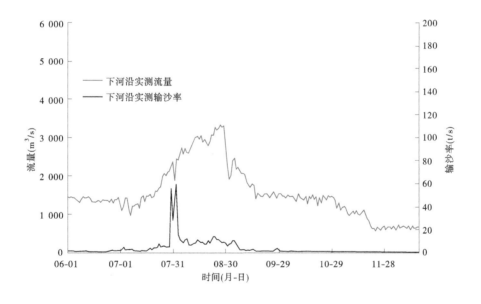

图 5-11　下河沿 2012 年洪水水沙过程

5.4　小　结

采用输沙率法和断面法对宁夏河段 2018 年洪水冲淤量进行了计算。

(1)从总量上看,2018 年洪水期间宁夏河段整体为淤积,断面法冲淤量计算得到的淤积量为 4 886 万 t,输沙率法计算得到的淤积量为 4 833 万 t,两种方法成果较为接近,断面法计算成果略大。

(2)从纵向看,2018 年洪水期间下青河段沿程以淤积为主,断面法计算得到的淤积量为 2 361 万 t,输沙率法计算得到的淤积量为 2 315 万 t;青石河段沿程有冲有淤,发生淤积的断面主要集中在永宁至贺兰和平罗至石嘴山河段,断面法计算得到的淤积量为 2 525 万 t,输沙率法计算得到的淤积量为 2 518 万 t。

(3)从横向看,2018 年洪水期间下青河段主槽淤积量 1 686 万 t、滩地淤积量 675 万 t,分别占全断面淤积量的 71.5%、28.5%,主槽淤积为主;青石河段主槽淤积量 1 051 万 t、滩地淤积量 1 474 万 t,分别占全断面淤积量的 41.6%、58.4%,滩地淤积为主。

(4)从淤积过程看,2018 年洪水期间淤积主要发生在干流来沙期间和支流高含沙洪水期间,7 月 1 日至 8 月 31 日累计淤积量达到 5 969 万 t,6 月冲淤基本平衡,9 月以后出现持续冲刷,冲刷量 995 万 t,(结合断面法滩、槽淤积量,可初步判断 9 月主槽冲刷约 3 000 万 t)。

(5)通过对 1981 年、2012 年、2018 年三个典型洪水峰量过程、沙峰过程以及区间支流来水、来沙等进行比较,判断对河道冲淤而言,1981 年、2012 年洪水比 2018 年洪水有利。1981 年洪水期间宁夏河段冲刷泥沙量为 2 228 万 t,2012 年洪水期间宁夏河段淤积泥沙量为 387 万 t。

第 6 章　2018 年洪水河势与河道
整治工程适应性评价

6.1　河势变化分析

6.1.1　下河沿至青铜峡

下河沿至青铜峡河段主要分析沙坡头坝下至青铜峡库尾,该河段为分汊型河道,采取微弯治理(沙坡头坝下至枣园整治流量为 2 500 m³/s)与"就岸防护"治理等相结合的方式,对河道进行了治理,目前整体河势正在朝着有利的方向转变,局部河段已基本稳定。

6.1.1.1　沙坡头至新弓湾河段

沙坡头坝下至新弓湾为河出峡谷段,全长 7.07 km,河道顺直、比降大,多年河势稳定。李家庄险工为汊道入口,与 2012 年河势相比,李家庄险工采取护岸工程后,河道左汊主流线向中间小幅调整,有效地减轻了水流对堤岸的淘刷。沙坡头至新弓湾河段河势变化见图 6-1。

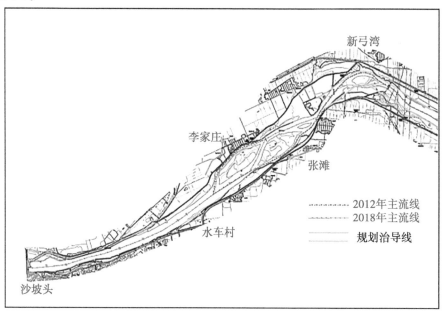

图 6-1　沙坡头至新弓湾河段河势变化

6.1.1.2　新弓湾至跃进渠口河段

新弓湾至跃进渠口河段 2018 年洪水期间河势得到了较好的控制,倪滩、双桥控导工程附近河道主流向中间靠近,杨家湖、七星渠口、新庙、跃进渠口等控导均靠溜且起到了控制河势的作用,与 2012 年相比,河道主流与规划治导线基本吻合。河出刘湾八队后,送至新庙控导末端,顺河道中间至永丰五队控导,与 2012 年相比,新庙控导附近主流向后侧偏转,随后由永丰五队控导送溜至跃进渠口,与规划治导线较为一致。新弓湾至双桥河段河势变化见图 6-2,双桥至跃进渠口河段河势变化见图 6-3。

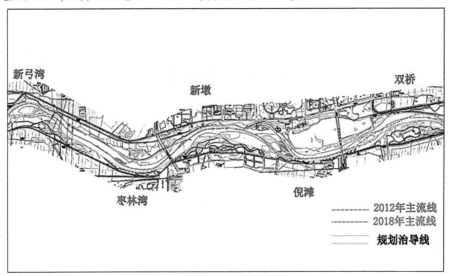

图 6-2　新弓湾至双桥河段河势变化

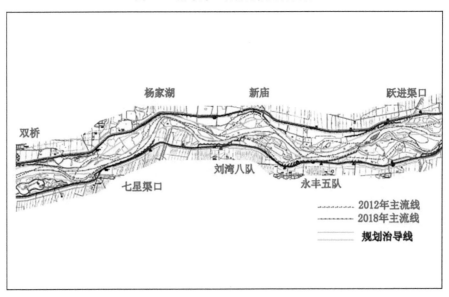

图 6-3　双桥至跃进渠口河段河势变化

6.1.1.3　跃进渠口至马滩河段

跃进渠口至凯哥湾为分汊型河道,右岸为主汊,河道流态较为散乱。石黄沟护滩工程前段河道淤积形成滩地,主流向河道中心偏移,该段护滩不着溜。与 2012 年相比,郭庄护滩工程后半段河道右侧与旧营护滩工程相连接段形成滩地,不过流。马滩护滩工程着溜,马滩工程下游右岸有支流清水河汇入后形成河心滩,河心滩变化不定。跃进渠口至凯哥湾河段河势变化见图 6-4,凯哥湾至黄羊湾河段河势变化见图 6-5。

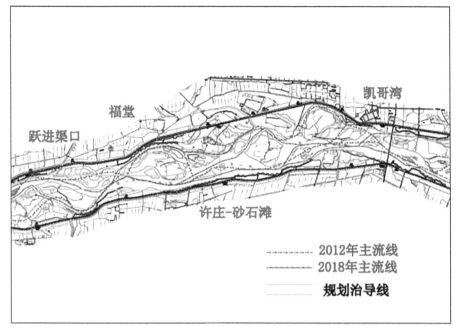

图 6-4　跃进渠口至凯哥湾河段河势变化

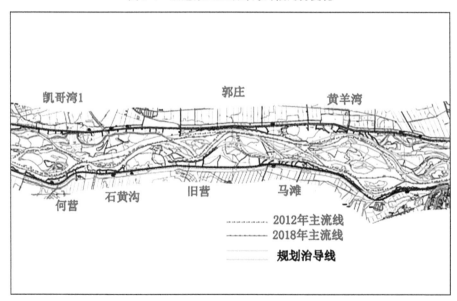

图 6-5　凯哥湾至黄羊湾河段河势变化

6.1.1.4　黄羊湾至田滩河段

黄羊湾至田滩河段属分汊型河道,黄羊湾附近河道由心滩分为左右两汊,与 2012 年相比,左汊主流向河道中间偏移,右汊基本无变化。右岸马滩工程下游有支流清水河汇入,由于清水河挟带的泥沙较多,造成入黄口以上壅水,形成河心滩,河心滩变化不定。该河段虽然分汊,但主汊与规划的治导线基本吻合。黄羊湾至田滩河段河势变化见图 6-6。

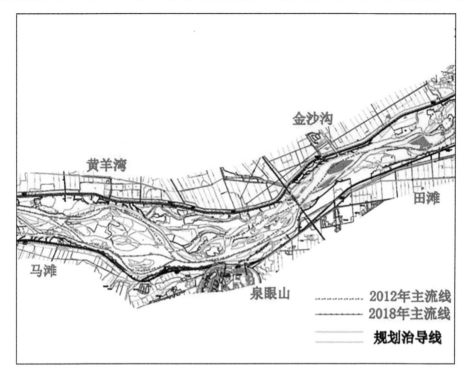

图 6-6　黄羊湾至田滩河段河势变化

6.1.1.5　石空湾至青铜峡库尾河段

石空湾、倪丁险工通过加固改建和新续建进行了就岸防护,取得了明显的整治效果。河出田滩后送溜至石空湾,石空湾防护工程河段主流由 2012 年分汊型变为单一主流,康滩防护工程附近河段右汊成为滩地,河道主流变得平顺。石空湾至倪丁河段河势变化见图 6-7。

倪丁至青铜峡库尾河段规划河湾 7 个,由于受青铜峡库区末端侵蚀基准面的影响,比降变缓,形成壅水汊流,河势、河心滩变化不定。与 2012 年相比,控导工程附近河道主流向河道中心移动。倪丁至立新河段河势变化见图 6-8,立新至青铜峡库尾河段河势变化见图 6-9。

6.1.2　青铜峡至石嘴山

青铜峡至石嘴山河段包含仁存渡以上 69.2 km 分汊型河道和仁存渡至头道墩 82.8 km 游荡型河道,采取微弯治理(整治流量为 2 200 m³/s)与"就岸防护"治理等相结合的方式,对河道进行了治理。治理工程修建后河势正在进行调整,但由于治理规模不足,近期河势特别是局部河势仍然变化较大。

6.1.2.1　青铜峡坝下至梅家湾河段

青铜峡坝址下游水流沿左岸行至王老滩控导,进入细腰子拜弯道,工程靠溜情况较好,蔡家河口控导工程河段主流靠河道中心,起到了控制河势的作用。青铜峡坝下至梅家湾河段整体河势比较平顺,流路与规划的治导线比较吻合,与 2012 年相比,蔡家河口、梅家湾控导工程附近主流向中心偏移。青铜峡坝下至梅家湾河段河势变化见图 6-10。

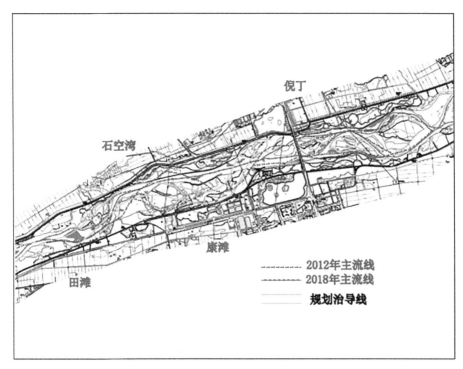

图 6-7　石空湾至倪丁河段河势变化

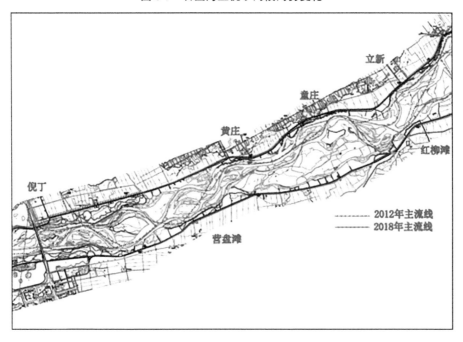

图 6-8　倪丁至立新河段河势变化

6.1.2.2　柳条滩至唐滩河段

河出梅家湾后,送溜至柳条滩控导工程,随后进入罗家湖控导工程。梅家湾控导、柳条滩护岸主流向河道中线调整,陈袁滩护滩工程至唐滩护滩工程之间河道主流线与 2012

图 6-9　立新至青铜峡库尾河段河势变化

图 6-10　青铜峡坝下至梅家湾河段河势变化

年基本一致,比较稳定。柳条滩至陈袁滩河段河势变化见图 6-11,陈袁滩至唐滩河段河势
变化见图 6-12。

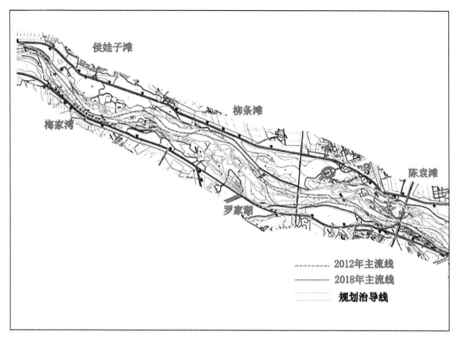

图 6-11　柳条滩至陈袁滩河段河势变化

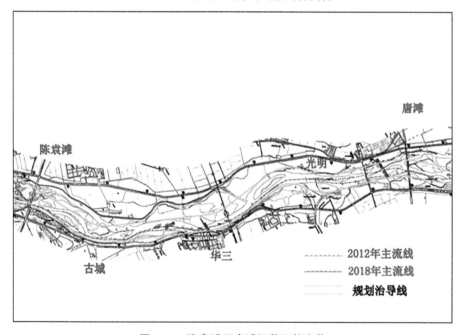

图 6-12　陈袁滩至唐滩河段河势变化

6.1.2.3　种苗场至东河河段

种苗场控导工程多年主汊靠溜较好,沙坝头、南方控导脱溜,种苗场至东河河段主流线与规划治导线基本一致。种苗场至南方河段河势变化见图 6-13,南方至东河河段主流线与规划治导线不符,河势变化见图 6-14。

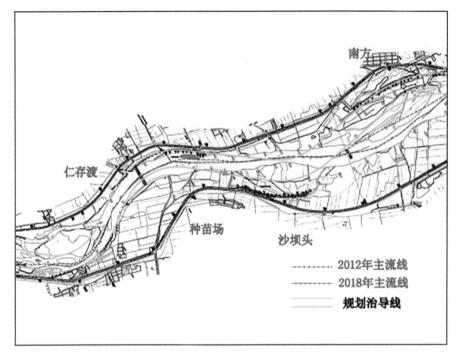

图 6-13　种苗场至南方河段河势变化

图 6-14　南方至东河河段河势变化

6.1.2.4　北滩至通贵河段

北滩至城建农场河段,河势多年来一直沿着右岸行进,河势稳定,局部地段有塌岸现象,2018 年,北滩至金水之间河段主流线有所摆动,河势变化不大。北滩至金水河段河势变化见图 6-15,金水至城建农场河段河势变化见图 6-16。

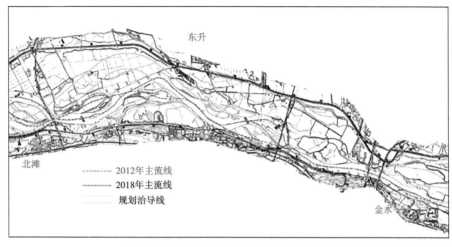

图 6-15　北滩至金水河段河势变化

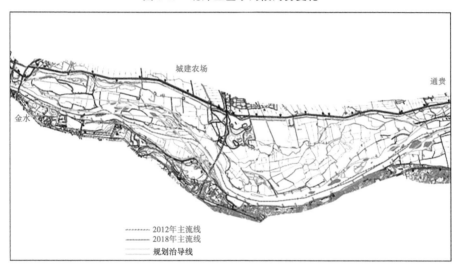

图 6-16　金水至通贵河段河势变化

6.1.2.5　通贵至六顷地

通贵至头道墩河段河势变化见图 6-17,头道墩至六顷地河段河势变化见图 6-18。通贵至头道墩河势多年沿右岸下行,河势稳定,头道墩弯道送溜能力较弱,导致河势居中下行,下八顷入溜不稳,2012 年洪水期间,河出下八顷弯道后,水流直冲四排口工程,冲塌坝头,河势下挫严重,坐弯塌滩,河距堤防仅 70 m,严重威胁堤防安全。经过四排口控导工程整治后河势得到了有效的控制,2018 年洪水期间四排口控导尾部着溜,河道主流线向中心调整。

6.1.2.6　六顷地至邵家桥河段

六顷地至邵家桥河势多年靠着右岸行进,扬水站下游受地形的影响,折向左岸的邵家桥险工。2018 年洪水期间,六顷地、青沙窝下部着溜,东来点控导工程附近主流受河滩影响,向左摆动,东来点至邵家桥主流靠着右岸行进,比较稳定。六顷地至邵家桥河段河势变化见图 6-19。

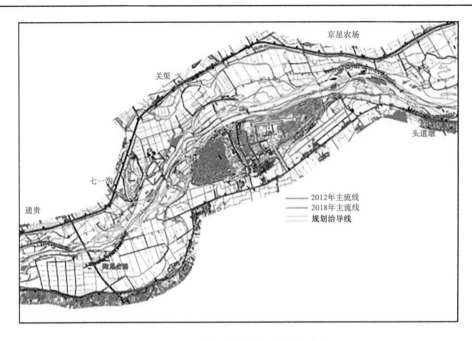

图 6-17　冰沟至头道墩河段河势变化

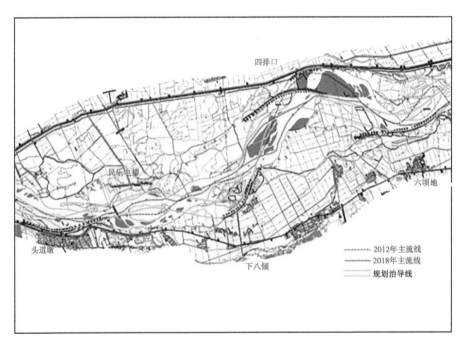

图 6-18　头道墩至六顷地河段河势变化

6.1.2.7　邵家桥至礼和河段

与 2012 年相比,统一控导工程河段主流向中心调整,整体河势较为平顺。邵家桥至三棵柳河段河势变化见图 6-20,三棵柳至礼和河段河势变化见图 6-21。

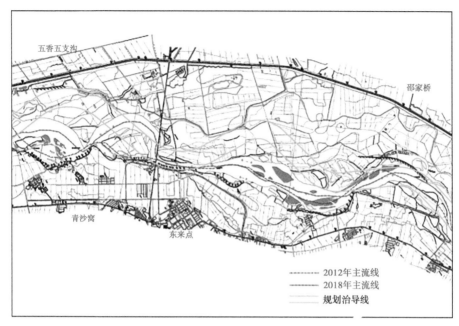

图 6-19　六顷地至邵家桥河段河势变化

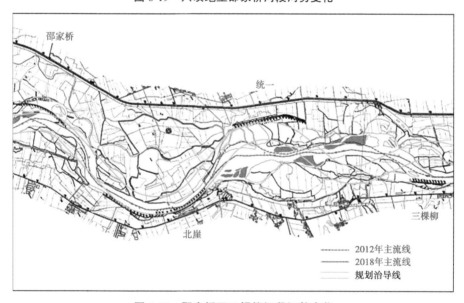

图 6-20　邵家桥至三棵柳河段河势变化

6.1.2.8　礼和至三排口河段

礼和至三排口河段为进入石嘴山峡谷段,河道顺直,而且较窄,河势稳定。与 2012 年相比,2018 年都思兔河口下游河道主流线向左摆动。礼和为上段微弯型整治的最后一个弯道,送溜至右岸都思兔河入汇口,都思兔河为宁夏、内蒙古的界河。礼和至三排口河段河势变化见图 6-22。

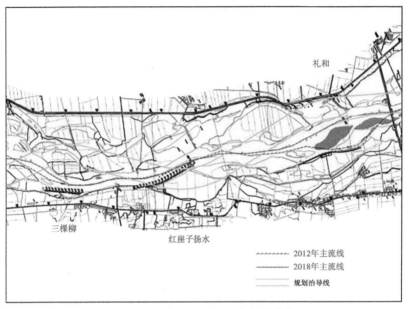

图 6-21 三棵柳至礼和河段河势变化

图 6-22 礼和至三排口河段河势变化

6.2　工程适应评价指标选取

　　宁夏河段经过"九五"、近期整治,在微弯型整治河段,当工程配套完备时,取得了一定效果,而在其他河段,由于工程布点少、长度不足,控导主流的能力差,沿黄防洪大堤、城镇、村舍、引取水口、主要公路及铁路等仍然受到严重威胁。特别在仁存渡以下的过渡型和游荡型河段,由于河床为沙质,抗冲能力弱,河势变化较大,仍然有"横河""斜河"现象,防洪威胁较大。

　　宁夏河段由于各河段河型不同,河床的边界条件、所处的地理位置不同,河势的变化规律也不尽相同,工程位置的布置、弯道长度、工程类型等对水流的适应性也有差异。分汊型河段,自然摆动幅度小于游荡型,加之河床抗冲性好,在治理过程中,整治工程布置完善、工程长度满足迎送溜要求、工程设计合理的河段,治理效果就明显。而游荡型河段,由于河床边界条件差,河道善淤、善迁,治理难度要大一些,经过多年整治在一定程度上控制了河势摆幅,但还有欠缺。通过整治工程建设,河势基本得到控制。在游荡型及过渡型河段逐步强化河湾边界,规顺中水河槽,使其逐步稳定,减少主流的摆动范围;在分汊型河段,改善不利河势。

　　针对宁夏河段整治工程在 2018 年洪水中的整治效果,选定整治工程靠河情况、弯道着溜长度、主流横向摆幅等指标,结合典型河段分析河道整治工程对洪水的适应性。

6.3　河道治理工程适应性评价

6.3.1　现有工程靠河情况分析

　　表 6-1 为宁夏河段控导及险工 1990 年、2002 年、2011 年、2012 年和 2018 年靠溜统计结果,从不同河段的工程靠溜情况分析,工程布置密度大的河段靠溜概率大,沙坡头坝下至仁存渡河段长 114.78 km,现状工程 52 处,平均 2.2 km 布设一个工程,2018 年工程靠溜占该河段总数的 92.3%,宁夏河段的河道整治工程主要集中在该河段。

　　仁存渡至头道墩整治河段长 43.655 km,现状工程 10 处,平均 4.3 km 布设一个工程,2018 年工程靠溜占该河段总数的 70.1%。

　　头道墩至石嘴山大桥河段长 82.75 km,现状工程 9 处,平均 9.2 km 布设一个工程,主要布置在节点处,2018 年工程靠溜占该河段总数的 66.7%。从统计结果可以看出,整治工程配套完善的河段靠溜概率比较高。

6.3.2　典型河段整治适应性分析

　　选取青铜峡至石嘴山河段的王老滩至梅家湾、头道墩至六倾地两个河段作为典型河段,进行整治工程适应性分析。

表 6-1　宁夏河段典型年河势靠溜统计结果

河段	工程处数（处）	1990 年		2002 年		2011 年		2012 年		2018 年	
		靠溜处数（处）	靠溜占工程数（%）	靠溜处数（处）	靠溜占工程数（%）	靠溜处数（处）	靠溜占工程数（%）	靠溜处数（处）	靠溜占工程数（%）	靠溜处数（处）	靠溜占工程数（%）
沙坡头坝下至仁存渡	52	17	32.7	25	48.1	36	69.2	41	78.8	48	92.3
仁存渡至头道墩	10	0	0	2	20	5	50	5	50	7	70.1
头道墩至石嘴山大桥	9	1	11.1	5	55.6	6	66.7	6	66.7	6	66.7
合计	71	18	25.4	32	45.1	47	66.2	52	73.2	61	85.9

6.3.2.1　王老滩至梅家湾河段

王老滩至梅家湾河段位于青铜峡坝下,河长 14.1 km,河道平均宽度 860 m,主槽宽620 m,比降 0.9‰。河出青铜峡后,水面展宽、泥沙落淤,表层为沙质河床,下层为砂卵石,属于典型的分汊型河道。河道未治理前,河道内心滩发育,汊河较多,水流分散,经过多年整治后,河势比较规顺,主流摆幅明显减小,河势基本得到控制。

根据 2018 年河道地形分析,经过河道整治后主流规顺,由多年前的散乱分汊变为较为规整的中水流路,治理效果显著。该河段整体河势比较稳定,弯道靠溜形势较好。王老滩控导工程在 2018 年中水偏大的情况下,水流出库后沿着左岸下行至王老滩工程上首,而后河势居中下行,弯道适应能力较强。细腰子拜险工 2018 年靠溜形式较好。犁铧尖控导工程由 2012 年的 100 m 续建至 1 116 m,靠溜情况有所好转。蔡家口险工新修坝垛 2座,长度增加至 1 063 m,2018 年洪水部分着溜。侯娃子滩控导新修坝垛 8 道,长度增加至 1 641 m,2018 年洪水全线着溜。梅家湾险工修坝垛 2 道,长度增加至 2 361 m,2018 年洪水全线着溜。

2016 年为小水河势,基本上沿着规划流路行进,河出青铜峡后,靠溜于左岸王老滩控导工程,下游为青铜峡黄河大桥,受王老滩控导工程及桥梁的共同作用,河势上提,主汊在细腰子拜上部靠溜,犁铧尖控导工程全线着溜。蔡家河口能够送溜至侯娃子滩控导,侯娃子滩和梅家湾河段主流规整。

2018 年洪水期间大部分河势稳定,工程靠溜长度增加,说明整治工程对于大水适应性较好。该河段的建设基本能适应大、中、小洪水,工程对河势的控制作用较好。

王家滩至梅家湾河段经过多年的微弯型整治,主流趋于稳定,通过在原有工程基础上的新建、改建、上延、下续,以及工程布点,河势控制效果越来越好。王老滩至梅家湾河段整治工程对洪水适应性见图6-23。

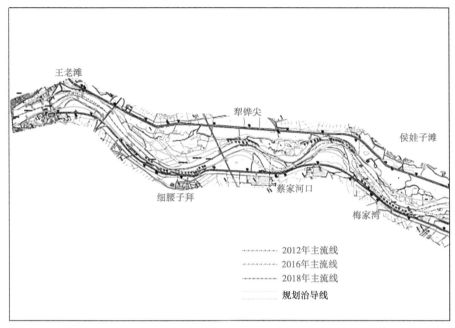

图6-23　王老滩至梅家湾河段整治工程对洪水适应性

6.3.2.2　头道墩至六顷地河段

该河段位于青石段的下段,属于典型的游荡型河段,河长13.3 km,平均宽度3 740 m,主槽宽1 720 m,比降1.9‰,受右岸台地和左岸堤防控制,平面上宽窄相同,呈藕节状,断面宽浅,水流散乱,沙洲密布,河床抗冲性差,冲淤变化较大,主流摆动剧烈,该段工程布点较少,两岸主流顶冲点不定,经常出现险情。

经过宁夏河段防洪工程二期治理,与2012年相比,头道墩控导改建加固11道坝、2座垛,长度1 536 m,新建1座垛,工程长度142 m。下八顷控导加固1道坝,工程长度80 m,新建2座垛,工程长度300 m。六顷地控导新建坝5道坝、6座垛,工程长度1 033 m。

头道墩险工位于游荡型河段起点,是天然节点,2018年靠溜,下八顷险工2018年洪水靠溜位置在尾部,大部分不靠溜。四排口险工2018年后半部分靠溜,与2012年相比,河势得到了一定控制。由于四排口送溜条件不好,工程河势上提下挫时有发生,六顷地险工2018年洪水期间仅有少部分靠溜。整体来看,该河段河势朝规划流路方向演变。

2016年为小水河势,基本上是沿着规划流路行进,头道墩险工上首靠溜,工程尾部为突出的山嘴,控制河势作用差,河出山嘴后沿左汊行进,右汊由心滩隔开,由于长期的小水作用,下八顷险工有一较大心滩,主汊大部分不靠溜下八顷险工,水流依地形行至四排口控导,主流靠右侧,仅有少部分靠溜。

2018年大部分河势沿着2016年小水的流路行进,洪水期间头道墩险工靠溜情况较好,由于大中洪水水流动能大,顺地形居中而下,下八顷险工全线脱河,四排口弯道水流居中,下八顷至六顷地的河势整体朝规划治导线方向演变,对大洪水的适应性较2012年有较大好转。头道墩至六顷地整治工程对洪水适应性见图6-24。

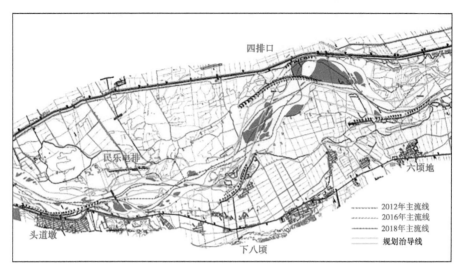

图 6-24　头道墩至六顷地整治工程对洪水适应性

头道墩险工送溜能力不足,下八顷险工入流不稳,大洪水时脱溜,头道墩险工至下八顷险工对洪水适应性较差。

相对于 2012 年洪水,2018 年洪水期间,头道墩至六顷地河段整体河势有了较大改观,趋于规划流路,但由于两岸工程布点少,局部河段主流仍有摆动。

6.4　小　结

(1)宁夏河段主要采取微弯治理与"就岸防护"治理等相结合的方式,对河道进行了治理,从 2018 年以及近期河势变化看,目前下河沿至青铜峡河段整体河势正在朝着有利的方向转变,局部河段已基本稳定。青铜峡至石嘴山河段处于变化调整阶段,近期河势特别是局部河势仍然变化较大。

(2)选定整治工程靠河情况、弯道着溜长度、主流横向摆幅等指标,结合典型河段分析河道整治工程对洪水的适应性。与 2012 年相比,沙坡头坝下至仁存渡、仁存渡至头道墩河段整治工程靠河概率有较大幅度地提高,分别由 78.8%、50% 提高到 92.3%、70.1%,工程适应性明显向好;头道墩以下河段整治工程靠河概率变化不大,仍然不足 70%,河势游荡、工程规模不足,治理效果虽较之前有一定改善,但仍不理想。

第 7 章　2018 年洪水位与堤防设计水位符合性评价

7.1　2018 年洪水期实测水位变化

7.1.1　水文站洪水期水位变化

2018 年宁夏河段主要水文站下河沿、青铜峡、石嘴山水位流量关系，见图 7-1～图 7-3。三个水文站断面所处位置处的河床以砂、砂卵石为主，水位流量关系较为稳定，2018 年洪水期间变化不大。

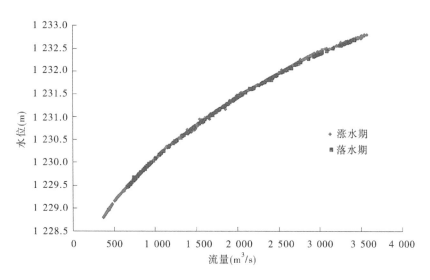

图 7-1　下河沿水文站 2018 年实测水位流量关系

7.1.2　水位站洪水期水位变化

宁夏河段设有多个水位站，根据其位置情况借用相邻站流量（见表 7-1）绘制 2018 年水位流量关系见图 7-4～图 7-8。从各水位站水位流量关系可以看出，受河道冲淤变化等因素影响，洪水涨落期间的水位流量关系不稳定，申滩水位站在洪水落水期同流量水位相较于涨水期略低，白马水位站、叶盛水位站、石坝水位站、五堆子水位站在洪水落水期同流量水位相较于涨水期略高。

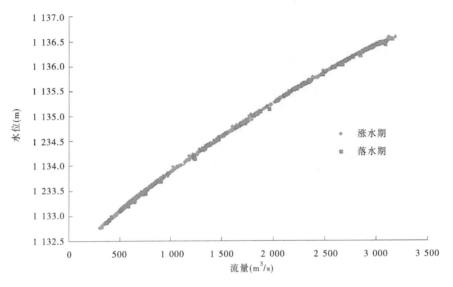

图 7-2　青铜峡水文站 2018 年实测水位流量关系

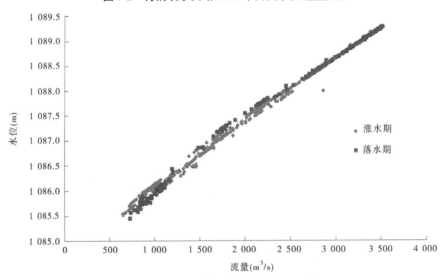

图 7-3　石嘴山水文站 2018 年实测水位流量关系

表 7-1　水位站位置及其流量参考取值

水位站	距下河沿 水文站（km）	流量代表站	备注
申滩	23	下河沿	WND07 上游 570 m
白马	86	下河沿+泉眼山	WND24 下游约 200 m
叶盛	147	青铜峡+郭家桥	QSD09 断面上游 110 m
石坝	198	青铜峡+郭家桥	QSD19 断面处
五堆子	258	青铜峡+郭家桥	QSD34 断面处

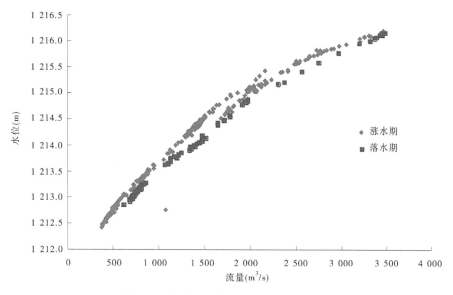

图 7-4　申滩水位站 2018 年水位流量关系

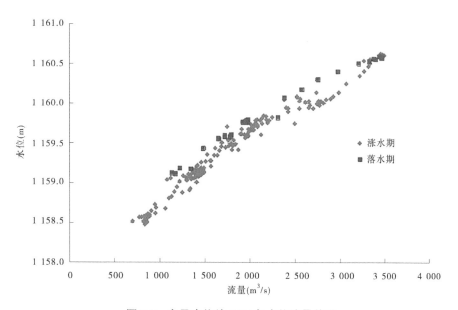

图 7-5　白马水位站 2018 年水位流量关系

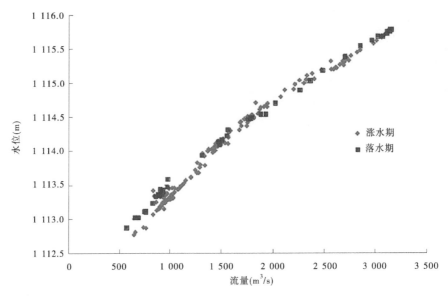

图 7-6　叶盛水位站 2018 年水位流量关系

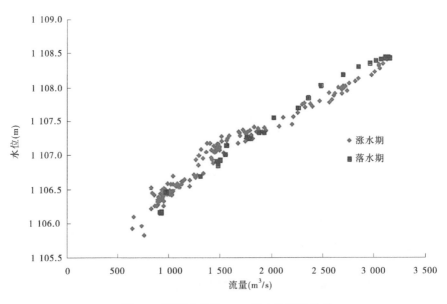

图 7-7　石坝水位站 2018 年水位流量关系

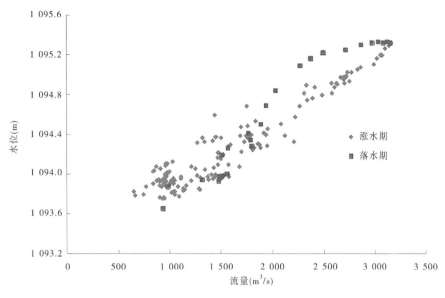

图 7-8 五堆子水位站 2018 年水位流量关系

7.2 2018 年设防流量水面线与堤防设计水位比较

7.2.1 计算方法

水面线计算采用河道恒缓变流能量方程(伯努利方程)。方程式为

$$Z_1 + \frac{\alpha_1 v_1^2}{2g} = Z_2 + \frac{\alpha_2 v_2^2}{2g} + h_f + h_i$$

$$h_f = \frac{Q^2}{\overline{K}^2} \cdot \Delta L$$

$$h_i = \xi \left(\frac{v_2^2}{2g} - \frac{v_1^2}{2g} \right)$$

式中:Z 为断面水位,m;v 为断面流速,m/s;α 值取决于断面流速分布的不均匀程度,一般情况下 α 取值为 1.05~1.1,下标 1 和 2 分别表示上断面和下断面;h_f 为沿程水头损失;h_i 为局部水头损失;ΔL 为两断面间距,m;Q 为河段流量,m³/s;$\overline{K}$ 为断面平均流量模数;ξ 为河段平均局部阻力系数。

对于收缩河段,其局部水头损失可以忽略不计,即 $\xi = 0$;对于扩散河段,水流常与岸壁分离而形成回流,产生局部水头损失。

由此,河道稳定缓变流的能量方程式可写为

$$Z_1 = Z_2 + \frac{\alpha + \xi}{2g}(v_2^2 - v_1^2) + \frac{Q^2}{\overline{K}^2} \cdot \Delta L$$

水面线计算由下游向上推求,已知 Z_2 便可由上式试算求得 Z_1。

7.2.2　计算条件与参数

下河沿至石嘴山河段防洪标准为 20 年一遇,堤防级别为 4 级,设防流量为 5 620 m³/s。按照以下条件和参数进行设防流量水面线计算。

7.2.2.1　大断面资料

研究河段原布设大断面 51 个,其中下河沿至青铜峡库区末端有 22 个、青铜峡至石嘴山黄河大桥有 29 个,2011 年在原有河道淤积测验断面位置原则上保持不变情况下,对河势变化而引起的部分不合适的测验断面进行了调整;按照测量断面的布设原则,对原断面间距较大的进行了断面加密增补,共加密增补了 16 个断面,其中下河沿至青铜峡河段加密 2 个断面,青铜峡至石嘴山河段加密 18 个断面。断面加密后黄河宁夏河段的淤积测验断面增加到 69 个,其中下河沿至青铜峡库区末端 24 个、青铜峡至石嘴山黄河大桥 45 个(不含青铜峡水文站、石嘴山水文站断面)。本次采用 2018 年汛后测量的 69 个断面作为计算地形。

7.2.2.2　糙率率定

河道糙率值反映河床粗糙程度对水流作用的影响,糙率值与水深、比降、河床组成、断面几何形状、水流平面形态等诸多因素有关,是计算水面线的关键。在实际工程设计中,由于实测资料的限制,河段糙率不易准确确定,多以实际发生的洪水位或调查水位率定河道糙率。

本次水面线计算根据河段实测水面线率定糙率,对出槽洪水糙率(综合糙率),采用下河沿水文站 2018 年实测洪峰流量 3 570 m³/s 及实测调查水位率定河道糙率。

对槽内洪水糙率(主槽糙率),采用 2018 年汛期各水文站、水位站水位及 2018 年大断面测量时水边线水位率定河道糙率。

卫宁河段断面测量时间为 2018 年 10~11 月,测量时水边线及下河沿站相应的流量见表 7-2。

表 7-2　卫宁河段 2018 年大断面测量时水边线

断面	间距(m)	累计距离(m)	水边线高程(m)	下河沿站相应流量(m³/s)	水边线高程(m)	下河沿站相应流量(m³/s)
WND01	0	0	1 230.83	1 390	1 232.71	2 750
WND02	4 662	4 662	1 227.51	1 390	1 228.89	2 750
WND03	2 894	7 556	1 225.59	1 390		
WND04	1 791	9 346	1 224.43	1 390		
WND05	3 398	12 744	1 221.34	1 400	1 220.97	1 390
WND06	5 593	18 337	1 216.61	1 400		
WND07	2 824	21 161	1 213.99	1 400		
WND08	3 461	24 622	1 211.21	1 400	1 210.9	2 750
WND09	3 013	27 635	1 207.87	1 400	1 208.21	1 420
WND10	2 174	29 809	1 206.56	1 400	1 206.49	1 480
WND11	4 235	34 044	1 202.3	1 400	1 202.61	1 420

续表 7-2

断面	间距（m）	累计距离（m）	水边线高程（m）	下河沿相应流量（m³/s）	水边线高程（m）	下河沿站相应流量（m³/s）
WND12	3 693	37 737	1 198.76	1 400		
WND13	3 796	41 533	1 195.36	1 400	1 194.90	1 420
WND14	4 003	45 536	1 192.28	1 400	1 192.80	2 570
WND15	3 374	48 910	1 188.88	1 400		
WND16	1 389	50 300	1 186.61	1 450	1 188.37	2 380
WND17	2 464	52 763	1 185.23	1 450	1 186.18	2 380
WND18	2 578	55 341	1 182.75	1 450	1 183.68	2 380
WND19	4 848	60 190	1 179.29	1 450	1 180.51	2 380
WND20	4 078	64 268	1 175.95	1 450	1 176.72	2 380
WND21	4 043	68 311	1 172.49	1 450	1 173.25	2 380
WND22	5 092	73 403	1 167.73	1 350	1 169.06	1 450
WND23	5 715	79 118	1 163.63	1 350		
WND24	6 218	85 336	1 158.62	1 350	1 159.40	2 380

注：水位高程基准面为国家 85 高程。

青石河段断面测量时间在 10~11 月，测量时水边线及青铜峡站相应的流量见表 7-3。

表 7-3　青石河段 2018 年大断面测量时水边线

断面	间距（m）	累计距离（m）	水边线高程（m）	青铜峡站相应流量（m³/s）	水边线高程（m）	青铜峡站相应流量（m³/s）
QSD01	0	0	1 133.81	968		
QSD02	1 086	1 086	1 132.94	968	1 134.28	2 260
QSD03	2 762	3 848	1 130.89	968	1 132.43	2 260
QSD04	3 433	7 282	1 128.50	968		
QSD05	3 407	10 688	1 125.64	968		
QSD06	4 500	15 188	1 121.42	968	1 122.70	2 260
QSD07	5 705	20 893	1 118.13	968	1 119.65	2 260
QSD08	4 579	25 472	1 115.04	879	1 117.13	2 260
QSD09	4 882	30 354	1 113.13	968	1 114.65	2 260
QSD10	3 981	34 335	1 111.10	968	1 112.63	2 260

续表 7-3

断面	间距 （m）	累计距离 （m）	水边线高程 （m）	青铜峡 相应流量 （m³/s）	水边线高程 （m）	青铜峡站 相应流量 （m³/s）
QSD11	3 585	37 921	1 109.87	879	1 111.72	2 260
QSD12	3 784	41 704	1 109.59	968	1 111.46	2 260
QSD13	4 007	45 711	1 108.95	968		
QSD14	3 360	49 071	1 109.83	968	1 110.39	2 260
QSD15	5 071	54 142	1 108.22	926		
QSD16	4 281	58 423	1 107.76	926		
QSD17	4 641	63 064	1 106.67	923		
QSD18	3 074	66 138	1 106.52	926		
QSD19	4 317	70 455	1 106.03	910		
QSD20	3 152	73 607	1 105.58	923		
QSD21	5 052	78 659			1 105.89	2 020
QSD22	6 092	84 751	1 103.86	910	1 104.75	2 020
QSD23	5 237	89 989			1 103.99	2 020
QSD24	4 375	94 364	1 102.93	910		
QSD25	6 980	101 344	1 101.88	910		
QSD26	6 777	108 121			1 101.82	1 470
QSD27	5 233	113 354			1 100.46	2 020
QSD28	5 385	118 739			1 099.54	1 930
QSD29	6 603	125 343			1 098.73	1 470
QSD30	4 262	129 605			1 098.18	1 930
QSD31	5 169	134 774			1 097.49	1 930
QSD32	6 259	141 032			1 096.72	1 930
QSD33	5 274	146 306			1 095.54	1 930
QSD34	6 582	152 888	1 094.08	1 500	1 094.43	1 500
QSD35	6 449	159 337	1 093.21	1 560		
QSD36	5 404	164 741			1 092.56	1 930
QSD37	2 279	167 020			1 092.33	1 930
QSD38	4 029	171 049			1 091.72	1 880
QSD39	4 675	175 724			1 090.89	1 880
QSD40	800	176 524			1 090.75	1 880
QSD41	5 180	181 705	1 090.07	1 560	1 090.21	1 880
QSD42	7 196	188 901			1 089.11	1 880
QSD43	4 280	193 181			1 088.45	1 880
QSD44	3 490	196 671			1 088.29	1 930
QSD45	1 089	197 760			1 087.96	1 880

注：水位高程基准面为国家 85 高程。

表 7-4 和表 7-5 分别为卫宁河段和青石河段 2018 年汛期洪水位。

表 7-4　卫宁河段 2018 年汛期洪水位

水文(位)站及断面	间距（m）	累计距离（m）	2018 年 8 月洪水位（m）	备注 2012 年 8 月洪水位(m)
下河沿	−35			1 232.48
WND01	0	0	1 232.1	1 232.00
WND02	4 455	4 455	1 229.2	1 229.15
WND03	2 615	7 070	1 227.1	1 227.05
WND04	1 520	8 590	1 226.1	1 225.7
WND05	2 980	11 570	1 222.8	1 222.8
WND06	4 975	16 545	1 218.3	1 218.45
WND07	2 435	18 980	1 216.3	1 216.00
WND08	3 050	22 030	1 212.1	1 212.85
WND09	2 575	24 605	1 209.5	1 209.61
WND10	2 160	26 765	1 207.6	1 207.45
WND11	4 130	30 895	1 203.5	1 203.6
WND12	3 530	34 425	1 200.5	1 199.9
WND13	3 565	37 990	1 196.1	1 196.8
WND14	3 785	41 775	1 193.7	1 193.15
WND15	2 900	44 675	1 189.0	1 189.9
WND16	1 370	46 045	1 188.4	1 188.9
WND17	2 105	48 150	1 186.2	1 187.3
WND18	2 590	50 740	1 184.5	1 185.2
WND19	4 120	54 860	1 180.5	1 180.95
WND20	3 930	58 790	1 177.5	1 177.25
WND21	3 420	62 210	1 174.0	1 174.16
WND22	5 100	67 310	1 168.5	1 169.3
WND23	5 460	72 770	1 164.2	1 164.25
WND24	5 695	78 465	1 159.8	1 159.7

注:水位高程基准面为国家 85 高程。

表 7-5 青石河段 2018 年汛期洪水位

水文(位)站及断面	间距(m)	累计距离(m)	2018 年 8 月洪水位(m)	备注 2012 年 8 月洪水位(m)
青铜峡	-30		1 136.17	1 136.17
QSD01	0	0	1 135.90	1 135.82
QSD02	1 086	1 086	1 134.44	1 134.66
QSD03	2 590	3 676	1 132.42	1 132.56
QSD04	3 150	6 826	1 129.78	1 130.79
QSD05	2 940	9 766	1 127.20	1 127.92
QSD06	4 335	14 101	1 122.91	1 123.82
QSD07	5 130	19 231	1 119.81	1 119.54
QSD08	4 080	23 311	1 117.26	1 117.24
QSD09	4 440	27 751	1 114.83	1 114.71
QSD10	3 660	31 411	1 113.13	1 112.76
QSD11	2 600	34 011	1 112.75	1 112.40
QSD12	3 630	37 641	1 111.90	1 111.77
QSD13	3 030	40 671	1 110.98	1 111.26
QSD14	3 495	44 166	1 110.69	1 110.85
QSD15	4 645	48 811	1 109.94	1 109.88
QSD16	3 950	52 761	1 109.54	1 109.16
QSD17	3 330	56 091	1 108.84	1 108.82
QSD18	2 340	58 431	1 108.56	1 108.66
QSD19	4 000	62 431	1 107.80	1 107.93
QSD20	3 150	65 581	1 107.37	1 107.10
QSD21	4 630	70 211	1 106.64	1 106.20
QSD22	4 970	75 181	1 105.53	1 105.35
QSD23	4 860	80 041	1 104.61	1 104.61
QSD24	5 040	86 081	1 104.00	1 103.77
QSD25	6 370	92 451	1 102.92	1 102.60
QSD26	5 670	98 121	1 101.64	1 101.57

续表 7-5

水文(位)站及断面	间距（m）	累计距离（m）	2018 年 8 月洪水位（m）	备注 2012 年 8 月洪水位(m)
QSD27	4 405	102 526	1 100.75	1 101.35
QSD28	6 190	108 716	1 100.31	1 100.44
QSD29	1 400	112 041	1 099.44	1 099.51
QSD30	3 840	115 881	1 098.69	1 098.74
QSD31	4 430	120 311	1 097.84	1 097.91
QSD32	4 265	125 676	1 096.76	1 097.06
QSD33	4 485	130 161	1 095.93	1 096.04
QSD34	3 865	134 026	1 094.68	1 095.22
QSD35	4 830	138 856	1 093.64	1 094.09
QSD36	5 080	143 936	1 093.10	1 093.29
QSD37	2 065	146 001	1 092.33	1 092.81
QSD38	1 890	149 891	1 091.81	1 092.18
QSD39	4 320	154 211	1 091.15	1 091.55
QSD40	860	155 071	1 091.30	1 091.32
QSD41	4 235	159 306	1 090.53	1 090.78
QSD42	5 970	165 276	1 089.56	1 089.83
QSD43	3 670	168 946	1 089.24	1 089.58
QSD44	2 660	171 606	1 088.77	1 089.31
QSD45	1 089	172 695	1 088.37	1 088.92
石嘴山	1 480	174 175	1 088.54	1 088.53

注:水位高程基准面为国家 85 高程。

　　根据大断面测量时水边线及其对应流量率定出卫宁河段和青石河段的主槽糙率,根据实测洪水位率定出卫宁河段大断面的综合糙率,主槽糙率和全断面综合糙率见表 7-6,青石河段 2018 年大断面率定糙率见表 7-7。

表 7-6　卫宁河段 2018 年大断面率定糙率

断面	间距(m)	累计距离(m)	主槽糙率	全断面综合糙率
WND01	0	0	0.030	0.023
WND02	4 662	4 662	0.022~0.025	0.023
WND03	2 894	7 556	0.022~0.024	0.036
WND04	1 791	9 346	0.027~0.031	0.030
WND05	3 398	12 744	0.019~0.030	0.028
WND06	5 593	18 337	0.022~0.030	0.035
WND07	2 824	21 161	0.028~0.030	0.027
WND08	3 461	24 622	0.025~0.031	0.027
WND09	3 013	27 635	0.026~0.032	0.028
WND10	2 174	29 809	0.026~0.029	0.028
WND11	4 235	34 044	0.027~0.032	0.029
WND12	3 693	37 737	0.028~0.030	0.032
WND13	3 796	41 533	0.027~0.031	0.034
WND14	4 003	45 536	0.027~0.032	0.034
WND15	3 374	48 910	0.023~0.030	0.031
WND16	1 389	50 300	0.028~0.030	0.034
WND17	2 464	52 763	0.026~0.031	0.032
WND18	2 578	55 341	0.022~0.033	0.030
WND19	4 848	60 190	0.024~0.027	0.035
WND20	4 078	64 268	0.029~0.033	0.031
WND21	4 043	68 311	0.031~0.032	0.034
WND22	5 092	73 403	0.028~0.033	0.033
WND23	5 715	79 118	0.022~0.026	0.028
WND24	6 218	85 336	0.022~0.032	0.027

表 7-7　青石河段 2018 年大断面率定糙率

断面	间距(m)	累计距离(m)	主槽糙率	全断面综合糙率
青铜峡	−30			
QSD01	0	0		
QSD02	1 086	1 086	0.018~0.033	0.035
QSD03	2 590	3 676	0.020~0.032	0.033
QSD04	3 150	6 826	0.022~0.031	0.032
QSD05	2 940	9 766	0.022~0.032	0.033
QSD06	4 335	14 101	0.022~0.031	0.031
QSD07	5 130	19 231	0.019~0.033	0.032
QSD08	4 080	23 311	0.022~0.032	0.033
QSD09	4 440	27 751	0.022~0.030	0.031
QSD10	3 660	31 411	0.020~0.031	0.032
QSD11	2 600	34 011	0.018~0.029	0.032
QSD12	3 630	37 641	0.022~0.030	0.033
QSD13	3 030	40 671	0.023~0.031	0.032
QSD14	3 495	44 166	0.019~0.031	0.031
QSD15	4 645	48 811	0.020~0.030	0.030
QSD16	3 950	52 761	0.021~0.028	0.032
QSD17	3 330	56 091	0.019~0.029	0.031
QSD18	2 340	58 431	0.021~0.030	0.029
QSD19	4 000	62 431	0.022~0.032	0.032
QSD20	3 150	65 581	0.023~0.030	0.032
QSD21	4 630	70 211	0.022~0.031	0.031
QSD22	4 970	75 181	0.022~0.031	0.031
QSD23	4 860	80 041	0.021~0.032	0.030
QSD24	5 040	86 081	0.020~0.030	0.032
QSD25	6 370	92 451	0.018~0.032	0.032
QSD26	5 670	98 121	0.018~0.031	0.031
QSD27	4 405	102 526	0.019~0.030	0.031
QSD28	6 190	108 716	0.020~0.028	0.030
QSD29	1 400	112 041	0.021~0.029	0.029
QSD30	3 840	115 881	0.018~0.026	0.032

续表 7-7

断面	间距（m）	累计距离（m）	主槽糙率	全断面综合糙率
QSD31	4 430	120 311	0.016~0.028	0.034
QSD32	4 265	125 676	0.017~0.028	0.026
QSD33	4 485	130 161	0.019~0.026	0.030
QSD34	3 865	134 026	0.018~0.029	0.027
QSD35	4 830	138 856	0.017~0.028	0.033
QSD36	5 080	143 936	0.017~0.029	0.030
QSD37	2 065	146 001	0.016~0.027	0.031
QSD38	1 890	149 891	0.016~0.028	0.032
QSD39	4 320	154 211	0.018~0.029	0.031
QSD40	860	155 071	0.015~0.026	0.033
QSD41	4 235	159 306	0.015~0.024	0.028
QSD42	5 970	165 276	0.019~0.027	0.035
QSD43	3 670	168 946	0.018~0.022	0.033
QSD44	2 660	171 606	0.019~0.027	0.034
QSD45	1 089	172 695	0.018~0.028	0.036
石嘴山	1 480	174 175	0.016~0.025	0.035

7.2.2.3 糙率率定结果

本次采用 2018 年河道大断面及各断面的实测水位,率定的大洪水时河道综合糙率:卫宁河段为 0.023~0.036,青石河段为 0.019~0.035;平滩流量以下的主槽糙率:卫宁河段为 0.019~0.033,青石河段 0.017~0.030,见表 7-8。

表 7-8 率定糙率

河段	综合糙率	主槽糙率
卫宁河段	0.023~0.036	0.019~0.033
青石河段	0.019~0.035	0.017~0.030

7.2.3 水面线计算与比较分析

7.2.3.1 控制断面水位流量关系

结合水文站实测水位流量关系分析可知,下河沿、青铜峡、石嘴山等断面的水位流量关系较为稳定,作为水面线计算的控制性断面。以实测水位流量关系资料为参考,采用曼宁公式计算 3 个水文站的水位流量关系,见图 7-9~图 7-11。

根据曼宁公式 $v = \dfrac{1}{n} R^{2/3} J^{1/2}$ 得到 Q 与断面因子关系如下：

$$Q = vA = \dfrac{1}{n} R^{2/3} J^{1/2} A$$

式中：n 为河道糙率；R 为水力半径，m；J 为水面比降；A 为断面面积，m^2。

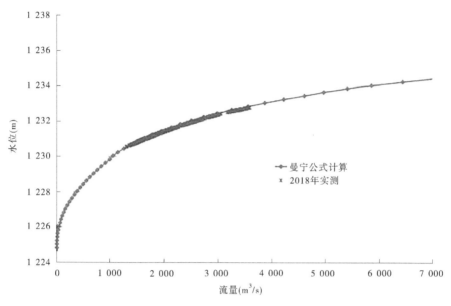

图 7-9　下河沿断面水位流量关系

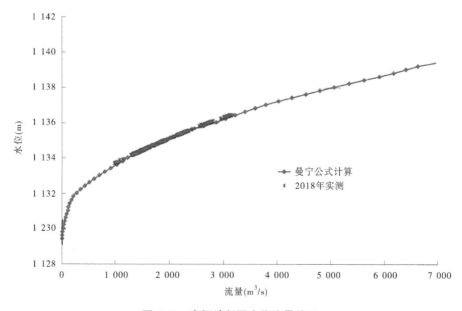

图 7-10　青铜峡断面水位流量关系

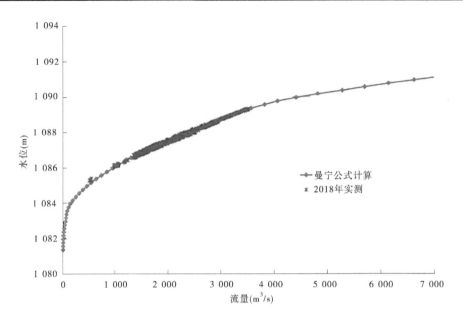

图 7-11 石嘴山断面水位流量关系

下河沿、青铜峡、石嘴山等断面设防流量为 5 620 m³/s,对应的水位分别为 1 233.94 m、1 138.45 m、1 090.51 m,如表 7-9 所示。

表 7-9 控制断面设防水位

设防流量 (m³/s)	水位(m)		
	下河沿	青铜峡	石嘴山
5 620	1 233.94	1 138.45	1 090.51

7.2.3.2 起始断面水位流量关系

青铜峡库区回水末端(青库断 30 断面)在 WND24 断面上游约 4 km,见图 7-12,卫宁河段 WND24 断面位于青铜峡库区 27 断面附近,受到水库回水的影响。考虑到 WND21 断面位于青铜峡库区回水末端上游约 12 km 处,基本不受库区回水的影响,作为卫宁河段水面线计算的起始断面。根据分析确定的该河段水面比降及各级流量的河道糙率,按曼宁公式分析各设计流量的水位,作为水面线计算的起始水位,见表 7-10。

青石河段水面线计算以 QSD45 断面作为青石河段水面线计算的起始断面(位置见图 7-13),根据石嘴山水文站水位流量关系查算各流量水位,按相应水面比降推算至 QSD45 断面即得到各设计流量的起始水位,见表 7-11。

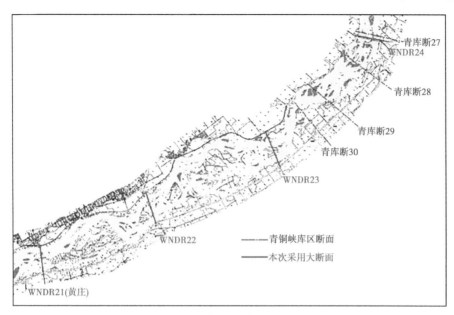

图 7-12　WND24 断面与青铜峡库区测淤断面相对位置

表 7-10　WND21 断面(起始断面)不同流量水位成果

流量(m³/s)	1 400	2 000	3 000	4 000	5 620	6 000
WND21 断面水位(m)	1 172.43	1 173.10	1 174.02	1 174.32	1 174.71	1 174.76

注:水位高程为国家 85 高程。

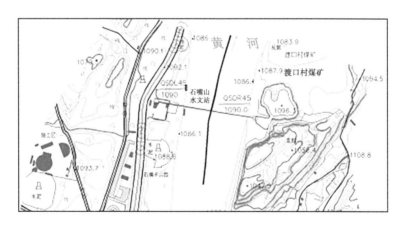

图 7-13　QSD45 断面位置

表 7-11　QSD45 断面(起始断面)设防流量对应水位

设计流量(m³/s)	QSD45 断面水位(m)	石嘴山水尺断面水位(m)
5 620	1 090.74	1 090.51

注:水位高程为国家 85 高程。

7.2.3.3 水面线计算

卫宁河段设防流量水面线计算成果见表 7-12 和图 7-14,与《黄河宁夏二期防洪工程可行性研究》报告中的 2025 年水平水面线计算结果相比,大部分河段水面线低于 2025 年水平设计水面线,WND02 ~ WND05 断面略高 0.01 ~ 0.15 m,WND18 ~ WND20 断面略高 0.09 ~ 0.16 m。

表 7-12　卫宁河段设防流量水面线计算成果

断面	间距（m）	累计距离（m）	2018 年大断面计算①	宁夏二期可研②	差值②-①
WND01	0	0	1 233.49	1 234.00	0.51
WND02	4 662	4 662	1 230.30	1 230.15	−0.15
WND03	2 894	7 556	1 228.24	1 228.09	−0.15
WND04	1 791	9 346	1 226.74	1 226.60	−0.14
WND05	3 398	12 744	1 223.70	1 223.69	−0.01
WND06	5 593	18 337	1 218.96	1 219.28	0.32
WND07	2 824	21 161	1 216.31	1 216.80	0.49
WND08	3 461	24 622	1 212.77	1 213.55	0.78
WND09	3 013	27 635	1 209.79	1 210.50	0.71
WND10	2 174	29 809	1 208.01	1 208.61	0.60
WND11	4 235	34 044	1 204.25	1 204.50	0.25
WND12	3 693	37 737	1 200.63	1 201.02	0.39
WND13	3 796	41 533	1 197.69	1 197.69	0
WND14	4 003	45 536	1 193.62	1 194.27	0.65
WND15	3 374	48 910	1 190.54	1 190.73	0.19
WND16	1 389	50 300	1 189.66	1 189.89	0.23
WND17	2 464	52 763	1 187.72	1 187.99	0.27
WND18	2 578	55 341	1 185.66	1 185.50	−0.16
WND19	4 848	60 190	1 181.26	1 181.17	−0.09
WND20	4 078	64 268	1 177.89	1 177.78	−0.11
WND21	4 043	68 311	1 174.76	1 174.82	0.06
WND22	5 092	73 403	1 170.12	1 169.70	−0.42
WND23	5 715	79 118	1 165.24	1 164.85	−0.39
WND24	6 218	85 336	1 160.36	1 160.55	0.17

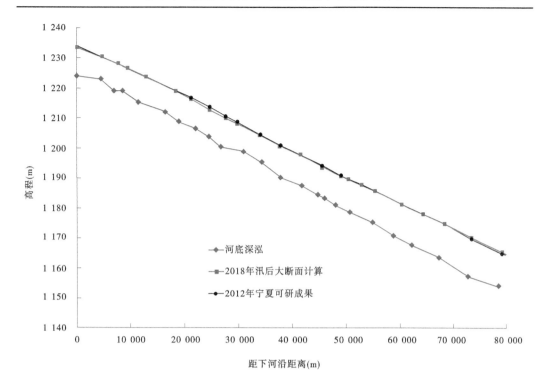

图 7-14　下河沿至青铜峡河段设防流量对应水面线

青石河段设防流量水面线计算结果见表 7-13 和图 7-15，与《黄河宁夏二期防洪工程可行性研究》报告中的 2025 年水平水面线计算结果相比，水面线均低于 2025 年水平设计水面线。

表 7-13　青石河段设防流量水面线计算成果

断面	间距（m）	累计距离（m）	2018 年大断面计算①	宁夏二期②	差值②-①
QSD01	0	0	1 137.17	1 137.42	0.25
QSD02	1 086	1 086	1 136.547	1 136.96	0.413
QSD03	2 590	3 676	1 133.916	1 134.05	0.134
QSD04	3 150	6 826	1 131.211	1 131.33	0.119
QSD05	2 940	9 766	1 128.12	1 128.65	0.53
QSD06	4 335	14 101	1 124.86	1 125.56	0.70
QSD07	5 130	19 231	1 120.73	1 121.08	0.35
QSD08	4 080	23 311	1 117.71	1 118.30	0.59
QSD09	4 440	27 751	1 116.14	1 116.51	0.37
QSD10	3 660	31 411	1 113.83	1 113.84	0.01
QSD11	2 600	34 011	1 113.25	1 113.40	0.15
QSD12	3 630	37 641	1 112.48	1 112.86	0.38

续表 7-13

断面	间距 （m）	累计距离 （m）	2018 年大断面 计算①	宁夏二期 ②	差值 ②-①
QSD13	3 030	40 671	1 111.99	1 112.23	0.24
QSD14	3 495	44 166	1 111.47	1 111.74	0.27
QSD15	4 645	48 811	1 110.50	1 110.75	0.25
QSD16	3 950	52 761	1 109.70	1 110.17	0.47
QSD17	3 330	56 091	1 109.39	1 109.54	0.15
QSD18	2 340	58 431	1 109.10	1 109.19	0.09
QSD19	4 000	62 431	1 108.41	1 108.64	0.23
QSD20	3 150	65 581	1 107.84	1 108.25	0.41
QSD21	4 630	70 211	1 106.75	1 107.48	0.73
QSD22	4 970	75 181	1 105.85	1 106.43	0.58
QSD23	4 860	80 041	1 105.17	1 105.77	0.60
QSD24	5 040	86 081	1 104.46	1 104.84	0.38
QSD25	6 370	92 451	1 103.46	1 103.62	0.16
QSD26	5 670	98 121	1 102.34	1 102.66	0.32
QSD27	4 405	102 526	1 101.49	1 102.08	0.59
QSD28	6 190	108 716	1 100.31	1 101.10	0.79
QSD29	1 400	112 041	1 099.93	1 100.17	0.24
QSD30	3 840	115 881	1 099.29	1 099.56	0.27
QSD31	4 430	120 311	1 098.45	1 098.55	0.10
QSD32	4 265	125 676	1 097.57	1 097.94	0.37
QSD33	4 485	130 161	1 096.62	1 096.75	0.13
QSD34	3 865	134 026	1 095.65	1 095.99	0.34
QSD35	4 830	138 856	1 094.76	1 094.86	0.10
QSD36	5 080	143 936	1 093.88	1 094.09	0.21
QSD37	2 065	146 001	1 093.41	1 093.64	0.23
QSD38	1 890	149 891	1 092.99	1 093.15	0.16
QSD39	4 320	154 211	1 091.89	1 092.48	0.59
QSD40	860	155 071	1 091.48	1 092.34	0.86
QSD41	4 235	159 306	1 091.39	1 091.81	0.42
QSD42	5 970	165 276	1 090.92	1 091.50	0.58
QSD43	3 670	168 946	1 090.67	1 091.37	0.70
QSD44	2 660	171 606	1 090.51	1 091.36	0.85
QSD45	1 089	172 695	1 090.36	1 091.01	0.65

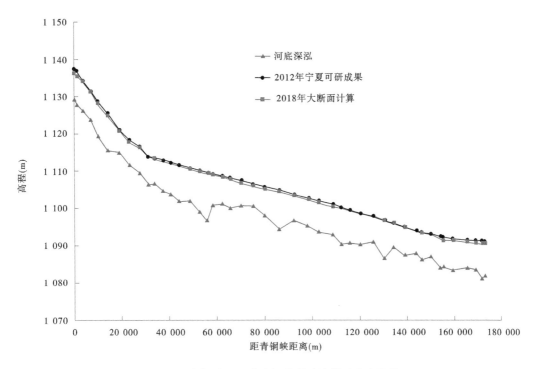

图 7-15　青铜峡至石嘴山河段设防流量对应水面线

7.3　小　结

（1）根据宁夏河段主要水文站、水位站的实测流量、水位资料,分析了洪水期间水位流量关系,下河沿、青铜峡和石嘴山 3 个水文站的水位流量关系较为稳定,水文站水位流量关系洪水涨落期间相比有变化,利用曼宁公式计算了下河沿、青铜峡、石嘴山等控制断面的水位流量关系。利用 2018 年实测大断面及水边线、调查洪水位等资料,对卫宁河段、青石河段断面主槽糙率和综合糙率进行了率定,得到卫宁河段断面综合糙率为 0.023 ~ 0.036,青石河段断面综合糙率为 0.019 ~ 0.035,卫宁河段主槽糙率为 0.019 ~ 0.033,青石河段主槽糙率为 0.017 ~ 0.030。在此基础上,采用伯努利方程分析计算了 2018 年汛后断面地形边界条件下设防流量水面线。

（2）根据 2018 年汛后断面计算的设防流量 5 620 m³/s 对应的水位,与《黄河宁夏二期防洪工程可行性研究》设计 2025 年水平水位进行对比,青石河段计算水面线均低于《黄河宁夏二期防洪工程可行性研究》成果,卫宁河段计算水面线大部分段落低于《黄河宁夏二期防洪工程可行性研究》成果,WND02 ~ WND05 断面略高 0.01 ~ 0.15 m,WND18 ~ WND20 断面略高 0.09 ~ 0.16 m,这表明局部河段由于河道淤积使得已建堤防标准有所降低。

第 8 章 不同水沙条件下的河道冲淤计算

8.1 泥沙冲淤数学模型

8.1.1 计算原理及求解方法

8.1.1.1 水流运动控制方程

一维非恒定流模型控制方程如下:

水流连续方程

$$B \frac{\partial z}{\partial t} + \frac{\partial Q}{\partial x} = q_l$$

水流运动方程

$$\frac{\partial Q}{\partial t} + 2 \frac{Q}{A} \frac{\partial Q}{\partial x} - \frac{BQ^2}{A^2} \frac{\partial z}{\partial x} - \frac{Q^2}{A^2} \frac{\partial A}{\partial x} \bigg|_z = - gA \frac{\partial z}{\partial x} - \frac{g\eta^2 \mid Q \mid Q}{A(A/B)^{4/3}}$$

式中:x 为沿水流流向坐标;t 为时间;Q 为流量;z 为水位;A 为过水断面面积;B 为河宽;q_l 为单位时间单位河长汇入(流出)的流量;η 为糙率;g 为重力加速度。

8.1.1.2 悬移质不平衡输沙方程

将悬移质泥沙分为 M 组,以 S_k 表示第 k 组泥沙的含沙量,可得悬移质泥沙的不平衡输沙方程为

$$\frac{\partial(AS_k)}{\partial t} + \frac{\partial(QS_k)}{\partial x} = - \alpha \omega_k B(S_k - S_{*k}) + q_l$$

式中:α 为恢复饱和系数;ω_k 为第 k 组泥沙颗粒的沉速;S_k 为第 k 组泥沙的挟沙力;q_l 为单位时间单位河长汇入(流出)的沙量。

8.1.1.3 推移质单宽输沙率方程

将以推移质运动的泥沙归为一组,采用平衡输沙法计算推移质输沙率:

$$q_b = q_{b'}$$

式中:q_b 为单宽推移质输沙率;$q_{b'}$ 为单宽推移质输沙能力,可由经验公式计算。

8.1.1.4 河床变形方程

$$\gamma' \frac{\partial A}{\partial t} = \sum_{k=1}^{M} \alpha \omega_k B(S_k - S_{*k}) - \frac{\partial B q_b}{\partial x}$$

式中:γ' 为泥沙干容重。

8.1.1.5 定解条件

在模型进口给水流量和含沙量过程,出口给水位过程。

8.1.1.6　求解方法

选择如图 8-1 所示的计算河段为控制体,采用有限体积法对前述数学模型的控制方程进行离散,用 SIMPLE 算法处理流量与水位的耦合关系。

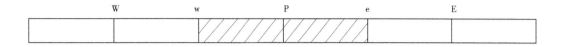

图 8-1　一维模型控制体示意图

离散后的代数方程组可以写成如下形式:

$$A_P \phi_P = A_W \phi_W + A_E \phi_E + b_0$$

式中:A_P、A_W、A_E 与 b_0 为系数;ϕ 为通用控制变量。

离散方程组由水流运动方程、水位修正方程、悬移质含沙量方程共三个方程构成。同一维模型既有的计算方法相比,处理方法具有物理概念清晰、变量守恒性好的优点。

采用 Gauss 迭代法求解离散后的方程组,并采用欠松弛技术以增强迭代过程的稳定性并加速收敛。在水沙运动与河床冲淤变形计算中,具体的求解步骤如下:

(1)给全河道赋以初始的猜测水位。

(2)计算动量方程系数,求解动量方程。

(3)计算水位修正方程的系数,求解水位修正值,更新水位和流量。

(4)根据单元残余质量流量和全场残余质量流量判断是否收敛。在计算中,当单元残余质量流量达到进口流量的 0.01%,全场残余质量流量达到进口流量的 0.5% 时即可认为迭代收敛。

(5)求解各组悬移质泥沙的不平衡输沙方程,得出各断面的含沙量。

(6)求解各控制体的推移质输沙率。

(7)求解河床变形方程,进行床沙级配调整,更新数据。

考虑到计算历时较长,因此在水流运动求解时忽略时变项的影响,按恒定流求解。

8.1.2　关键问题

8.1.2.1　水流挟沙力

水流挟沙力计算采用张红武公式。

$$S_* = 2.5 \left[\frac{(0.002\,2 + S_V) u^3}{\kappa \dfrac{\rho_s - \rho_m}{\rho_m} g h \omega_m} \ln\left(\frac{h}{6 D_{50}}\right) \right]^{0.62}$$

其中

$$\omega_m = \left(\sum_{k=1}^{M} \beta_{*k} \omega_k^m \right)^{\frac{1}{m}}$$

式中:ρ_s、ρ_m 为泥沙和浑水的密度;κ 为 Karman 常数,与含沙量有关;S_V 为体积比含沙量;ω_m 为混合沙挟沙力的代表沉速;D_{50} 为床沙的中值粒径。

分组水流挟沙力为

$$S_{*k} = \beta_{*k} S_k$$

式中:β_{*k} 为水流挟沙力级配,按下式计算

$$\beta_{*k} = \frac{\dfrac{P_k}{\alpha_k \omega_k}}{\displaystyle\sum_{k=1}^{M} \dfrac{P_k}{\alpha_k \omega_k}}$$

式中:P_k 为床沙级配;α_k 为恢复饱和系数。

8.1.2.2 泥沙沉速

泥沙沉速采用张瑞瑾泥沙沉速公式进行计算,即

在滞性区($d \le 0.1$ mm)

$$\omega = 0.039 \frac{\gamma_s - \gamma}{\gamma} g \frac{d^2}{\nu}$$

在紊流区($d > 4$ mm)

$$\omega = 1.044 \sqrt{\frac{\gamma_s - \gamma}{\gamma} g d}$$

在过渡区(0.1 mm$< d \le 4$ mm)

$$\omega = \sqrt{\left(13.95 \frac{\nu}{d}\right)^2 + 1.09 \frac{\gamma_s - \gamma}{\gamma} g d} - 13.95 \frac{\nu}{d}$$

式中:黏滞系数 ν 的计算公式为

$$\nu = \frac{0.017\,9}{(1 + 0.033\,7t + 0.000\,221t^2) \times 10\,000}$$

式中:t 为水温。

8.1.2.3 泥沙沉速

$$u_{ck} = \left(\frac{h}{d_k}\right)^{0.14} \left[17.6 \frac{\rho_s - \rho}{\rho} d_k + 6.05 \times 10^{-7} \times \left(\frac{10 + h}{d_k^{0.72}}\right)\right]^{0.5}$$

8.1.2.4 恢复饱和系数

泥沙恢复饱和系数 α 为粒径 d 的函数,平衡状态下各粒径组恢复饱和系数 $\alpha'_k = \alpha' / d_k^{0.2}$,冲淤变化过程中 α_k 计算公式如下:

$$\alpha_k = \begin{cases} 0.5\alpha_k^* & S_k > 1.5S_k^* \\[2mm] \left(1 - \dfrac{S_k - S_k^*}{S_k^*}\right)\alpha_k^* & 1.5S_k^* \geqslant S_k > S_k^* \\[2mm] \left(1 - 2\dfrac{S_k - S_k^*}{S_k^*}\right)\alpha_k^* & S_k^* \geqslant S_k > 0.5S_k^* \\[2mm] 2\alpha_k^* & S_k \leqslant 0.5S_k^* \end{cases}$$

式中:S_k、S_k^* 为分组沙挟沙力和含沙量,参数 $\alpha^* = 0.001\,2 \sim 0.007\,0$。

8.1.3　模型完善

8.1.3.1　支流来水来沙

支流来水来沙按照实际加在相应的位置。主要考虑清水河、红柳沟、苦水河三条支流,见表 8-1。

表 8-1　下河沿至石嘴山水文测站及考虑支流

编号	支流加入位置	考虑河流
1	清水河	清水河
2	红柳沟	红柳沟
3	苦水河	苦水河

8.1.3.2　引水、引沙

引水渠引水、引沙也按照源汇加在相应的位置。引水按实际位置考虑,宁夏河段引水口主要集中在青铜峡坝址(青铜峡水文站以上)(见图 8-2),在青铜峡库区附近断面设置引水口、引沙口,引水渠道考虑七星渠、汉渠、秦渠、唐徕渠等。

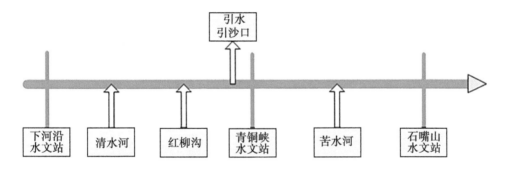

图 8-2　下河沿至石嘴山水文测站及考虑支流、引水口分布位置示意图

8.1.3.3　风积沙

风积沙指在风力作用条件下,从两岸直接进入河道范围内的风沙量。宁蒙河段两岸区域是入黄风积沙的主要来源之一。根据风积沙最新研究成果,风沙入黄分风流沙和沙丘前移两种形式,风流沙所占比重很小,因此沿黄河干流两岸进入河道的风积沙主要沉积在河道滩地上,进入支流的风积沙以支流高含沙洪水的形式进入干流。

8.1.3.4　水库

青铜峡水库目前已处于冲淤平衡状态,库水位采用年平均水位。

8.1.4　边界条件

进口采用下河沿水文站的日均流量、日均含沙量,出口采用石嘴山水位流量关系曲线插值。

8.1.5 模型验证

8.1.5.1 模型验证采用的边界条件

考虑近期实测水沙、断面等资料条件,确定数学模型验证的水沙条件采用2012年7月至2018年10月的实测水沙过程,水沙量统计见表8-2。初始地形采用2012年汛前河道断面地形,其中沙坡头坝下至青铜峡水库库尾长75.06 km,布设24个断面;青铜峡库区长度为46 km,布设27个断面;青铜峡坝下至石嘴山长174.17 km,布设45个断面;下河沿至石嘴山共有95个计算断面,断面间距0.46~6.37 km。

表8-2 水沙量统计

时段 (年-月)	下河沿		风积沙 (亿t)	区间支流		引水引沙		石嘴山	
	水量 (亿m³)	沙量 (亿t)		水量 (亿m³)	沙量 (亿t)	水量 (亿m³)	沙量 (亿t)	水量 (亿m³)	沙量 (亿t)
2012-07~2013-06	375.6	0.636	0.037	3.90	0.092	75.07	0.105	363.58	0.703
2013-07~2014-06	298.33	0.372	0.037	4.24	0.129	63.79	0.105	265.57	0.470
2014-07~2015-06	286.29	0.240	0.037	4.64	0.123	70.01	0.066	253.41	0.399
2015-07~2016-06	232.70	0.166	0.037	4.37	0.154	60.72	0.054	193.00	0.245
2016-07~2017-06	220.90	0.238	0.037	4.45	0.145	58.16	0.071	181.56	0.259
2017-07~2018-06	279.70	0.266	0.037	4.42	0.174	35.52	0.064	237.52	0.369
2018-07~2018-10	243.90	1.356	0.007	2.58	0.293	24.27	0.085	242.83	1.150
合计	1 937.42	3.274	0.229	28.6	1.11	387.54	0.550	1 737.47	3.595

进口边界为下河沿水文站的流量、含沙量和悬沙级配,出口边界条件为石嘴山水文站实测水位。

8.1.5.2 模型验证结果

2012年7月至2018年10月,下河沿站累计来沙量3.274亿t,区间支流累计来沙量1.11亿t,累计引沙0.550亿t,石嘴山站累计来沙3.595亿t,风积沙0.229亿t,采用输沙率法计算宁夏河段累计淤积0.468亿t。数学模型按照采用边界条件计算2012年7月至2018年10月宁夏河段累计淤积0.443亿t,与输沙率法冲淤量计算结果相比,偏小5.64%,在可接受范围内;从过程上看(计算值和实测值对比见图8-3),数学模型计算冲淤量变化与输沙率法冲淤量变化基本一致,能够计算反映出不同水沙条件的河道冲淤变化。

8.2 设计方案

为了论证有利于输沙的水沙调控指标,结合宁夏河段场次洪水冲淤特性,确定干流设计水沙的流量范围为1 500~3 500 m³/s、含沙量范围为3~20 kg/m³、时长为10~30 d。以设计流量1 500 m³/s、2 000 m³/s、2 500 m³/s、3 000 m³/s、3 500 m³/s,含沙量3 kg/m³、7 kg/m³、10 kg/m³、20 kg/m³进行方案组合,共计组合20个水沙条件方案。表8-3为不同

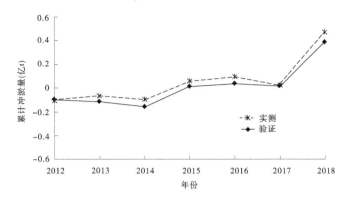

图 8-3 宁夏河段冲淤量计算值和实测值对比

计算方案(连续 10 d、20 d、30 d)设计水沙情况。

表 8-3 不同计算方案设计水沙(连续 10 d、20 d、30 d)

计算方案	流量(m³/s)	含沙量(kg/m³)
1-1		3
1-2	1 500	7
1-3		10
1-4		20
2-1		3
2-2	2 000	7
2-3		10
2-4		20
3-1		3
3-2	2 500	7
3-3		10
3-4		20
4-1		3
4-2	3 000	7
4-3		10
4-4		20
5-1		3
5-2	3 500	7
5-3		10
5-4		20

宁夏河段支流水沙过程和引水过程采用 1986 年 7 月以来的平均情况,支流来水量为 3.24 亿 m^3,来沙量为 0.142 亿 t,引水量为 13.06 亿 m^3。

模型计算河床边界采用 2018 年实测地形条件。

8.3　方案计算结果分析

8.3.1　流量 1 500 m^3/s

设计流量为 1 500 m^3/s,含沙量分别为 3 kg/m^3、7 kg/m^3、10 kg/m^3、20 kg/m^3,30 d 宁夏河段累计冲淤过程见表 8-4 和图 8-4。第 10 天,宁夏河段累计冲淤量分别为−0.024 亿 t、0.008 亿 t、0.053 亿 t 和 0.232 亿 t;第 20 天,宁夏河段累计冲淤量分别为−0.025 亿 t、0.037 亿 t、0.091 亿 t 和 0.371 亿 t;第 30 天,宁夏河段累计冲淤量分别为−0.028 亿 t、0.048 亿 t、0.107 亿 t 和 0.462 亿 t。在 1 500 m^3/s 流量条件下,含沙量为 3 kg/m^3 时宁夏河段处于冲刷状态,含沙量为 7 kg/m^3 和 10 kg/m^3 时宁夏河段处于微淤状态,含沙量为 20 kg/m^3 时宁夏河段处于持续淤积状态。

表 8-4　1 500 m^3/s 流量条件下不同含沙量累计冲淤量统计　　　（单位:亿 t）

天数	3 kg/m^3	7 kg/m^3	10 kg/m^3	20 kg/m^3
第 10 天	−0.024	0.008	0.053	0.232
第 20 天	−0.025	0.037	0.091	0.371
第 30 天	−0.028	0.048	0.107	0.462

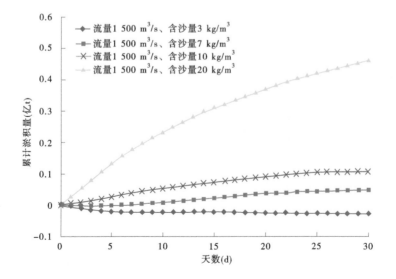

图 8-4　1 500 m^3/s 流量条件下不同含沙量累计淤积过程

8.3.2　流量 2 000 m³/s

设计流量为 2 000 m³/s,含沙量分别为 3 kg/m³、7 kg/m³、10 kg/m³、20 kg/m³,30 d 宁夏河段累计冲淤过程见表 8-5 和图 8-5。第 10 天,宁夏河段累计冲淤量分别为 -0.033 亿 t、0.002 亿 t、0.043 亿 t 和 0.168 亿 t;第 20 天,宁夏河段累计冲淤量分别为 -0.047 亿 t、0.019 亿 t、0.078 亿 t 和 0.277 亿 t;第 30 天,宁夏河段累计冲淤量分别为 -0.060 亿 t、0.013 亿 t、0.090 亿 t 和 0.334 亿 t。在 2 000 m³/s 流量条件下,含沙量为 3 kg/m³ 时宁夏河段处于持续冲刷状态,含沙量为 7 kg/m³ 时宁夏河段处于微淤状态,含沙量为 10 kg/m³ 和 20 kg/m³ 时宁夏河段处于持续淤积状态。

表 8-5　2 000 m³/s 流量条件下不同含沙量累计冲淤量统计　　（单位:亿 t）

天数	3 kg/m³	7 kg/m³	10 kg/m³	20 kg/m³
第 10 天	-0.033	0.002	0.043	0.168
第 20 天	-0.047	0.019	0.078	0.277
第 30 天	-0.060	0.013	0.090	0.334

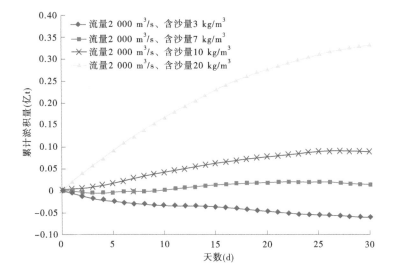

图 8-5　2 000 m³/s 流量条件下不同含沙量累计淤积过程

8.3.3　流量 2 500 m³/s

设计流量为 2 500 m³/s,含沙量分别为 3 kg/m³、7 kg/m³、10 kg/m³、20 kg/m³,30 d 宁夏河段累计冲淤过程见表 8-6 和图 8-6。第 10 天,宁夏河段累计冲淤量分别为 -0.051 亿 t、-0.001 亿 t、0.039 亿 t 和 0.177 亿 t;第 20 天,宁夏河段累计冲淤量分别为 -0.065 亿 t、-0.002 亿 t、0.060 亿 t 和 0.245 亿 t;第 30 天,宁夏河段累计冲淤量分别为 -0.084 亿 t、-0.023 亿 t、0.040 亿 t 和 0.240 亿 t。在 2 500 m³/s 流量条件下,含沙量为 3 kg/m³ 时宁夏河段处于持续冲刷状态;含沙量为 7 kg/m³ 时宁夏河段处于微冲状态;含沙量为 10

kg/m³;20 kg/m³ 时宁夏河段处于持续淤积状态。

表 8-6　2 500 m³/s 流量条件下不同含沙量累计冲淤量统计　　（单位:亿 t）

天数	3 kg/m³	7 kg/m³	10 kg/m³	20 kg/m³
第 10 天	-0.051	-0.001	0.039	0.177
第 20 天	-0.065	-0.002	0.060	0.245
第 30 天	-0.084	-0.023	0.040	0.240

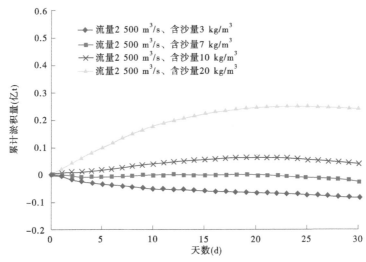

图 8-6　2 500 m³/s 不同含沙量累计淤积过程

8.3.4　流量 3 000 m³/s

设计流量为 3 000 m³/s,含沙量分别为 3 kg/m³、7 kg/m³、10 kg/m³、20 kg/m³,30 d 宁夏河段累计冲淤过程见表 8-7 和图 8-7。第 10 天,宁夏河段累计冲淤量分别为-0.059 亿 t、-0.004 亿 t、0.038 亿 t 和 0.195 亿 t;第 20 天,宁夏河段累计冲淤量分别为-0.088 亿 t、-0.003 亿 t、0.060 亿 t 和 0.262 亿 t;第 30 天,宁夏河段累计冲淤量分别为-0.121 亿 t、-0.053 亿 t、-0.018 亿 t 和 0.243 亿 t。在 3 000 m³/s 流量条件下,含沙量为 3 kg/m³ 时宁夏河段处于持续冲刷状态;含沙量为 7 kg/m³ 时宁夏河段处于微冲状态;含沙量为 10 kg/m³ 时先淤积后冲刷,最终处于微淤状态;含沙量为 20 kg/m³ 时宁夏河段处于持续淤积状态。

表 8-7　3 000 m³/s 流量条件下不同含沙量累计冲淤量统计　　（单位:亿 t）

天数	3 kg/m³	7 kg/m³	10 kg/m³	20 kg/m³
第 10 天	-0.059	-0.004	0.038	0.195
第 20 天	-0.088	-0.003	0.060	0.262
第 30 天	-0.121	-0.053	0.018	0.243

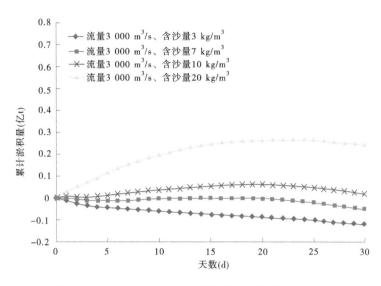

图 8-7　3 000 m³/s 流量条件下不同含沙量累计淤积过程

8.3.5　流量 3 500 m³/s

设计流量为 3 500 m³/s,含沙量 3 kg/m³、7 kg/m³、10 kg/m³、20 kg/m³,30 d 宁夏河段累计冲淤过程见表 8-8 和图 8-8。第 10 天,宁夏河段累计冲淤量分别为 - 0. 077 亿 t、 - 0. 013 亿 t、0. 038 亿 t 和 0. 221 亿 t;第 20 天,宁夏河段累计冲淤量分别为 - 0. 117 亿 t、 - 0. 021 亿 t、0. 031 亿 t 和 0. 287 亿 t;第 30 天,宁夏河段累计冲淤量分别为 - 0. 162 亿 t、 - 0. 069 亿 t、 - 0. 041 亿 t 和 0. 254 亿 t。在 3 500 m³/s 流量条件下,含沙量为 3 kg/m³ 时宁夏河段处于持续冲刷状态,含沙量为 7 kg/m³ 宁夏河段处于微冲状态,含沙量为 10 kg/m³ 时宁夏河段先淤积后冲刷,含沙量为 20 kg/m³ 时宁夏河段处于持续淤积状态。

表 8-8　3 500 m³/s 流量条件下不同含沙量累计冲淤量统计　　　（单位:亿 t）

天数	3 kg/m³	7 kg/m³	10 kg/m³	20 kg/m³
第 10 天	-0. 077	-0. 013	0. 038	0. 221
第 20 天	-0. 117	-0. 021	0. 031	0. 287
第 30 天	-0. 162	-0. 069	-0. 041	0. 254

8.3.6　综合分析

不同方案累计冲淤量汇总结果见表 8-9。分析不同方案流量、含沙量与冲淤效率的响应关系可知(见图 8-9) :

含沙量 3 kg/m³ 时,1 500 m³/s 以上流量级均表现为冲刷,冲刷效率随着流量级的增大而增大。

含沙量 7 kg/m³ 时,2 500 m³/s 以下流量级为淤积,淤积效率随着流量增大而减小,大于 2 500 m³/s 以后转为冲刷,冲刷效率随着流量级的增大而增大,3 000 m³/s 以后变化不大。

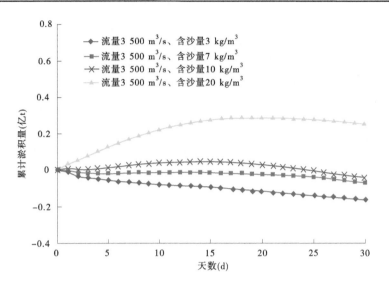

图 8-8 3 500 m³/s 流量条件下不同含沙量累计淤积过程

表 8-9 不同方案累计冲淤量统计　　　　　　　　　　　(单位:亿 t)

计算方案	流量 (m³/s)	含沙量 (kg/m³)	来沙量 (亿 t)	来沙系数 (kg·s/m⁶)	累计冲淤量 (亿 t)	冲淤效率 (kg/m³)
1-1	1 500	3	0.117	0.002 0	-0.028	-0.72
1-2	1 500	7	0.272	0.004 7	0.048	1.23
1-3	1 500	10	0.389	0.006 7	0.107	2.75
1-4	1 500	20	0.778	0.013 3	0.462	11.88
2-1	2 000	3	0.156	0.001 5	-0.060	-1.16
2-2	2 000	7	0.363	0.003 5	0.013	0.25
2-3	2 000	10	0.518	0.005 0	0.090	1.74
2-4	2 000	20	1.037	0.010 0	0.333	6.42
3-1	2 500	3	0.194	0.001 2	-0.084	-1.30
3-2	2 500	7	0.454	0.002 8	-0.024	-0.37
3-3	2 500	10	0.648	0.004 0	0.040	0.62
3-4	2 500	20	1.296	0.008 0	0.240	3.70
4-1	3 000	3	0.233	0.001 0	-0.121	-1.56
4-2	3 000	7	0.544	0.002 3	-0.053	-0.68
4-3	3 000	10	0.778	0.003 3	0.018	0.23
4-4	3 000	20	1.555	0.006 7	0.243	3.13
5-1	3 500	3	0.272	0.000 9	-0.162	-1.79
5-2	3 500	7	0.635	0.002 0	-0.068	-0.75
5-3	3 500	10	0.907	0.002 9	-0.055	-0.61
5-4	3 500	20	1.814	0.005 7	0.254	2.80

含沙量 10 kg/m³ 时,3 000 m³/s 以下流量级为淤积,淤积效率随着流量增大而减小,大于 3 000 m³/s 以后转为冲刷,冲刷效率随着流量级的增大而有所增大。

含沙量 20 kg/m³ 时,各个流量级均表现为淤积,淤积效率随着流量增大而减小,3 000 m³/s 以后变化不大。

可以看到,随着流量级的增大,不同含沙量级的冲刷效率增大或淤积效率减小,该响应关系与实测场次洪水不同流量级、含沙量级与冲淤效率的响应关系相似。结合宁夏河段实测场次洪水冲淤特性,有利于宁夏河段输沙的调控流量宜控制在 2 500~3 000 m³/s。

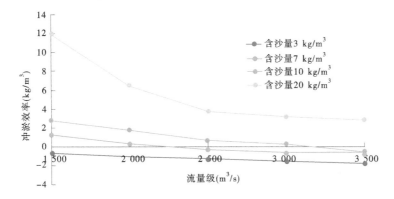

图 8-9　计算不同流量级、含沙量级与冲淤效率的关系

从不同含沙量、不同流量级的冲淤变化过程看:

含沙量 3 kg/m³ 时,流量为 1 500 m³/s,30 d 整个计算过程表现为微冲;流量为 2 000 m³/s,前 15 天表现为微冲,第 15 天之后冲刷强度增加;流量为 2 500 m³/s、3 000 m³/s 和 3 500 m³/s,表现为持续冲刷。

含沙量 7kg/m³ 时,流量为 1 500 m³/s,前 10 天河道淤积较小,之后淤积增加、持续淤积;流量为 2 000 m³/s,前 10 天河道淤积较小,第 10~19 天淤积增加、持续淤积,第 19 天以后基本保持冲淤平衡;流量为 2 500 m³/s,前 24 天基本保持冲淤平衡,第 24 天之后表现为冲刷;流量为 3 000 m³/s,前 20 天基本保持冲淤平衡,第 20 天之后表现为冲刷;流量为 3 500 m³/s,前 17 天基本保持冲淤平衡,第 17 天之后表现为冲刷。

含沙量 10 kg/m³ 时,流量为 1 500 m³/s,前 22 天累计淤积量持续增加,之后基本保持冲淤平衡;流量为 2 000 m³/s,前 25 天累计淤积量持续增加,之后基本保持冲淤平衡;流量为 2 500 m³/s,前 17 天累计淤积量持续增加,第 17~23 天基本保持冲淤平衡,第 23 天之后累计淤积量减小,表现为冲刷;流量为 3 000 m³/s,前 16 天累计淤积量持续增加,第 16~21 天基本保持冲淤平衡,第 21 天之后表现为冲刷;流量为 3 500 m³/s,前 10 天累计淤积量持续增加,第 10~16 天基本保持冲淤平衡,第 16 天之后累计淤积量减少,表现为冲刷。

含沙量 20 kg/m³ 时,流量为 1 500 m³/s 和 2 000 m³/s,30 d 整个计算过程表现为持续淤积;流量为 2 500 m³/s 时,第 15 天开始淤积速度明显减缓,第 18 天之后基本保持冲淤平衡,累计淤积量基本不变,第 27 天开始转变为冲刷;流量为 3 000 m³/s 时,第 16 天开始累计淤积量不再增加,第 24 天累计淤积量开始减小,转为冲刷状态;流量为 3 500 m³/s

时,第15天开始累计淤积量不再增加,第20天开始转变为冲刷状态。

可以看到,不同来沙情况下,要使得输沙取得较好的效果,减少淤积或者多冲刷,一次洪水过程至少应达到15 d以上。对于2 500~3 000 m³/s的流量级,含沙量3 kg/m³以下时一次洪水历时宜达到15 d,含沙量7 kg/m³左右时一次洪水历时宜达到20 d左右,含沙量10 kg/m³以上时一次洪水历时宜达到20 d以上。

进一步分析不同方案的来沙系数与冲淤效率响应关系(见图8-10)可知,随着来沙系数增大冲刷效率逐步减小,直至0.003 kg·s/m⁶时转为淤积,淤积效率随着来沙系数增大继续增大。与实测洪水的来沙系数与冲淤效率的响应关系对比见图8-10,可以看到,计算方案的散点位于实测散点群中,变化趋势符合实测来沙系数与冲淤效率关系,即有来沙系数小于0.003 kg·s/m⁶时,宁夏河道处于冲刷状态;来沙系数大于0.003 kg·s/m⁶时,宁夏河道处于淤积状态。冲淤的临界来沙系数在0.003 kg·s/m⁶左右。

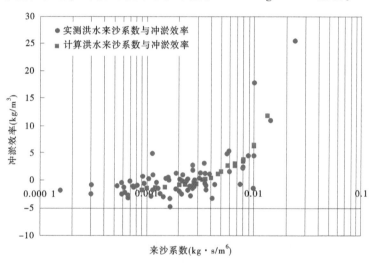

图8-10　来沙系数与冲淤效率的对比关系

8.4　小　结

(1)建立了宁夏河段一维水沙数学模型,采用下河沿水文站2012年7月至2018年10月实测水沙过程、支流入汇及引水、引沙过程,结合2012年汛前河道断面进行了模型验证。2012年7月至2018年10月,下河沿站累计来沙3.274亿t,区间支流累计来沙1.11亿t,累计引沙0.541亿t,石嘴山站累计来沙3.595亿t,风积沙0.229亿t,模型计算宁夏河段累计淤积0.443亿t,与输沙率法冲淤量计算结果0.468亿t相比,偏小5.64%,在可接受范围内;从过程上看,数学模型计算冲淤量变化与输沙率法冲淤量变化基本一致,能够计算反映出不同水沙条件的河道冲淤变化。

(2)为了论证有利于输沙的水沙调控指标,结合宁夏河段场次洪水冲淤特性,确定设计水沙的流量范围为1 500~3 500 m³/s,含沙量范围为3~20 kg/m³、时长为10~30 d。以设计流量1 500 m³/s、2 000 m³/s、2 500 m³/s、3 000 m³/s、3 500 m³/s,含沙量3 kg/m³、7 kg/m³、10 kg/m³、20 kg/m³,进行方案组合,共计组合了 20 个水沙条件方案。利用验证后的数学模型进行了方案计算,随着流量级的增大,不同含沙量级的冲刷效率增大或淤积效率减小,流量级大于 3 000 m³/s 以后冲淤效率变化不大,有利于宁夏河段输沙的调控流量宜控制在 2 500~3 000 m³/s,含沙量 3 kg/m³ 以下时一次洪水历时宜达到 15 d,含沙量 7 kg/m³ 左右时一次洪水历时宜达到 20 d 左右,含沙量 10 kg/m³ 以上时一次洪水历时宜达到 20 d 以上。来沙系数小于 0.003 kg·s/m⁶ 时,宁夏河道处于冲刷状态;来沙系数大于 0.003 kg·s/m⁶ 时,宁夏河道处于淤积状态。冲淤的临界来沙系数在 0.003 kg·s/m⁶ 左右。

第 9 章 结论与建议

9.1 结 论

9.1.1 宁夏河段水沙与河道冲淤特性

宁夏干流下河沿站 1950~2018 年多年平均径流量为 296.5 亿 m³,多年平均输沙量为 1.14 亿 t,干流水沙年际变化大、年内分配不均。20 世纪 60 年代以来,干流水沙量减少,1986 年 11 月至 2018 年 10 月龙羊峡水库、刘家峡水库联合运用期间,下河沿站多年平均水量为 260.0 亿 m³、多年平均沙量为 0.61 亿 t,与 1968 年以前相比,水量减少 23.4%,沙量减少 70.7%。水沙量年内分配比例发生明显变化,汛期水量比例由 1968 年以前的 61.9% 减少至 1986 年以后的 43.4%,汛期沙量比例由 1968 年以前的 87.2% 减少至 1986 年以后的 78.9%。有利于输沙的大流量过程减少,汛期日均流量大于 2 000 m³/s 出现的天数由 1968 年以前的 54.0 d 减少至 1986 年以后的 5.3 d。

宁夏河段较大的支流有清水河、红柳沟、苦水河和都思兔河等,1960 年 11 月至 2018 年 10 月宁夏河段支流多年平均水量为 4.80 亿 m³,沙量为 0.329 亿 t,含沙量为 68.49 kg/m³。支流来沙含量高,同时其水沙特性与干流水沙一样,具有年际变化大、年内分配不均的特点,从不同时期变化看,宁夏支流水沙没有明显的趋势性变化。

宁夏河段引黄灌溉历史悠久。1960 年 11 月至 2018 年 10 月,宁夏灌区多年平均引水量为 74.73 亿 m³,多年平均引沙量为 0.251 亿 t。引水主要集中在 4~11 月,占全年引水量的 98.2%,引沙更为集中,7~8 月引沙量所占比例为 67.7%。从不同时期变化看,灌区引水在青铜峡水库建成后,基本处于稳定状态,平均引水量 80 亿 m³ 左右。

宁夏河段年际有冲有淤、冲淤交替变化,多年冲淤基本平衡,1960 年 11 月至 2018 年 10 月多年平均冲刷 0.012 亿 t;年内冲淤上下不同,下青河段非汛期淤积、汛期冲刷,1969 年以后非汛期淤积和汛期冲刷幅度减弱;青石河段非汛期冲刷,1969 年以后汛期由冲刷转为淤积。纵向青石河段冲淤幅度大,是影响宁夏河段冲淤量变化的主体;横向主槽有冲有淤,滩地以淤积为主。从场次洪水冲淤特性看,随着流量级的增大,20 kg/m³ 以下不同含沙量级的淤积效率不断减小,直至转为冲刷,含沙量 3 kg/m³ 以下、3~7 kg/m³、7~20 kg/m³,由淤积转为冲刷的流量分别在 1 000~1 500 m³/s 流量级、1 500~2 000 m³/s 流量级、2 000~2 500 m³/s 流量级;含沙量大于 20 kg/m³,以淤积为主。以 1981 年和 2012 年洪水为典型剖析得到漫滩洪水具有淤滩刷槽的特点。

9.1.2 2018 年洪水水沙

2018 年西南暖湿气流与西风带弱冷空气多次在黄河上游交汇,造成 2018 年黄河上游降雨较往年明显偏多,降雨持续时间长达 3 个月,造成 2018 年黄河上游发生 3 次编号洪水。"黄河 2018 年第 1 号洪水"主要产自黄河上游龙羊峡以上暴雨,7 月 8 日 11 时唐乃亥站洪峰流量 2 500 m^3/s;"黄河 2018 年第 2 号洪水"主要产自黄河刘兰区间暴雨,7 月 23 日 8 时 18 分兰州站洪峰流量 3 610 m^3/s;"黄河 2018 年第 3 号洪水"形成于兰州以下,9 月 26 日 23 时兰州站洪峰流量 3 590 m^3/s。

黄河上游发生的 3 次编号洪水,龙羊峡水库、刘家峡水库进行了防洪调度运用,减小了进入宁夏河段的洪水峰量。下河沿水文站天然流量过程有两个较大的洪峰过程,其中第 1 个编号洪水 7 月上旬龙羊峡以上的暴雨洪水,已完全被龙羊峡水库的拦蓄作用削平;紧接着的第 2 个编号洪水位于刘兰区间,洪峰、沙峰过程尖瘦,龙羊峡水库和刘家峡水库继续蓄水压减下泄流量,但是由于防洪要求和地理位置限制,难以进行有效调控;至进入第 3 个编号洪水时,龙刘水库蓄水已接近极限,在兰州以下形成了一个较大的洪水峰量过程。

2018 年 6~10 月宁夏河段进口下河沿水文站总来水量 308.44 亿 m^3,总来沙量 1.414 亿 t,洪水量与来沙量分别为 20 世纪 90 年代和 80 年代以来最大,1 500 m^3/s 以上洪水历时长达 3 个多月,洪水总量 238 亿 m^3,超过 1981 年、2012 年同比条件下的实测洪水总量。但洪峰过程与沙峰过程不同步,来沙主要集中在 7 月、8 月,7~8 月平均含沙量为 10.25 kg/m^3,相应平均流量为 1 985 m^3/s;7 月 25 日日均含沙量最大为 91.38 kg/m^3,相应日均流量仅为 1 740 m^3/s,水沙关系不协调。洪水期间宁夏河段支流来水含沙量高、来沙量大。清水河、红柳沟、苦水河等三条主要支流总来水量 2.64 亿 m^3,来沙量为 0.297 亿 t,平均含沙量为 112.5 kg/m^3,来水来沙主要集中在 7~8 月,占来水总量的 58.3%,占来沙总量的 86.9%。2018 年 7~8 月期间下青河段支流清水河、红柳沟来水量分别为 0.77 亿 m^3、0.15 亿 m^3,来沙量分别为 0.197 亿 t、0.046 亿 t,来水平均含沙量分别为 256.82 kg/m^3、307.38 kg/m^3;青石河段支流苦水河来水量为 0.62 亿 m^3,来沙量为 0.015 亿 t,来水平均含沙量为 24.97 kg/m^3。

9.1.3　2018 年洪水冲淤

采用输沙率法和断面法对宁夏河段 2018 年洪水冲淤量进行了计算。从总量上看,2018 年洪水期间宁夏河段整体为淤积,断面法冲淤量计算淤积量为 4 886 万 t,输沙率法计算淤积量为 4 833 万 t,两种方法成果较为接近,断面法计算成果略大。从纵向看,2018 年洪水期间下青河段沿程以淤积为主,断面法计算淤积量为 2 361 万 t,输沙率法计算淤积量为 2 315 万 t;青石河段沿程有冲有淤,发生淤积的断面主要集中在永宁至贺兰和平罗至石嘴山河段,断面法计算淤积量为 2 525 万 t,输沙率法计算淤积量为 2 518 万 t。从横向看,2018 年洪水期间下青河段主槽淤积 1 686 万 t,滩地淤积 675 万 t,分别占全断面淤积量的 71.5%、28.5%,以主槽淤积为主;青石河段主槽淤积 1 051 万 t、滩地淤积 1 474 万 t,分别占全断面淤积量的 41.6%、58.4%,以滩地淤积为主。从淤积过程看,2018 年洪水期间淤积主要发生在干流来沙期间和支流高含沙洪水期间,7 月 1 日至 8 月 31 日累计淤积量达到 5 969 万 t,6 月冲淤基本平衡,9 月以后出现持续冲刷,冲刷量 995 万 t(结合断面法滩、槽淤积量,可初步判断 9 月主槽冲刷约 3 000 万 t)。

通过对 1981 年、2012 年、2018 年三个典型洪水峰量过程、沙峰过程及区间支流来水来沙等进行比较,判断对河道冲淤而言,1981 年、2012 年洪水比 2018 年洪水有利。计算得 1981 年宁夏河段冲刷泥沙量为 2 228 万 t,2012 年宁夏河段淤积泥沙量为 387 万 t。

9.1.4　2018 年洪水河势与河道整治工程适应性评价

宁夏河段主要采取微弯治理与"就岸防护"治理等相结合的方式,对河道进行了治理,从 2018 年以及近期河势变化看,目前下河沿至青铜峡河段整体河势正在朝着有利的方向转变,局部河段已基本稳定。青铜峡至石嘴山河段处于变化调整阶段,近期河势特别是局部河势仍然变化较大。

选定整治工程靠河情况、弯道着溜长度、主流横向摆幅等指标,结合典型河段分析河道整治工程对洪水的适应性。与 2012 年相比,沙坡头坝下至仁存渡、仁存渡至头道墩河段整治工程靠河概率有较大幅度的提高,分别由 78.8%、50%提高到 92.3%、70.1%,工程适应性明显向好;头道墩以下河段整治工程靠河概率变化不大,仍然不足 70%,河势游荡、工程规模不足,治理效果虽较之前有一定改善,但仍不理想。

9.1.5　2018 年洪水位与堤防工程设计符合性评价

根据宁夏河段主要水文站、水位站的实测流量、水位资料,分析了洪水期间水位流量关系,下河沿、青铜峡和石嘴山 3 个水文站的水位流量关系较为稳定,水文站水位流量关系洪水涨落期间相比有变化,利用曼宁公式计算了下河沿、青铜峡、石嘴山等控制断面的水位流量关系。利用 2018 年实测大断面及水边线、调查洪水位等资料,对卫宁河段、青石河段断面主槽糙率和综合糙率进行了率定,得到卫宁河段断面综合糙率为 0.023~0.036,青石河段断面综合糙率为 0.019~0.035,卫宁河段主槽糙率为 0.019~0.033,青石河段主槽糙率为 0.017~0.030。在此基础上,采用伯努利方程分析计算了 2018 年汛后断面地形边界条件下设防流量水面线。

根据 2018 年汛后断面计算了设防流量 5 620 m^3/s 对应的水位,与《黄河宁夏二期防洪工程可行性研究》设计 2025 年水平水位进行对比,青石河段计算水面线均低于《黄河宁夏二期防洪工程可行性研究》成果,卫宁河段计算水面线大部分段落低于《黄河宁夏二期防洪工程可行性研究》成果,WND02~WND05 断面略高 0.01~0.15 m,WND18~WND20 断面略高 0.09~0.16 m,这表明局部河段由于河道淤积使得已建堤防标准有所降低。

9.1.6　不同水沙条件下的河道冲淤计算

建立了宁夏河段一维水沙数学模型,采用下河沿水文站 2012 年 7 月至 2018 年 10 月实测水沙过程、支流入汇及引水引沙过程,结合 2012 年河道断面进行了模型验证。2012 年 7 月至 2018 年 10 月,下河沿站累计来沙 3.274 亿 t,区间支流累计来沙 1.11 亿 t,累计引沙 0.541 亿 t,石嘴山站累计来沙 3.595 亿 t,风积沙 0.229 亿 t,模型计算宁夏河段累计淤积 0.443 亿 t,与输沙率法冲淤量计算结果 0.468 亿 t 相比,偏小 5.64%,在可接受范围内;从过程上看,数学模型计算冲淤量变化与输沙率法冲淤量变化基本一致,能够计算反映出不同水沙条件的河道冲淤变化。

为了论证有利于输沙的水沙调控指标,结合宁夏河段场次洪水冲淤特性,确定设计水沙的流量范围为 1 500~3 500 m³/s、含沙量范围为 3~20 kg/m³、时长为 10~30 d。以设计流量 1 500 m³/s、2 000 m³/s、2 500 m³/s、3 000 m³/s、3 500 m³/s,含沙量 3 kg/m³、7 kg/m³、10 kg/m³、20 kg/m³,进行方案组合,共计组合了 20 个水沙条件方案。利用验证后的数学模型进行了方案计算,计算结果表明,随着流量级的增大,不同含沙量级的冲刷效率增大或淤积效率减小,流量级大于 3 000 m³/s 以后冲淤效率变化不大,有利于宁夏河段输沙的调控流量宜控制在 2 500~3 000 m³/s,含沙量 3 kg/m³ 以下时一次洪水历时宜达到 15 d,含沙量 7 kg/m³ 左右时一次洪水历时宜达到 20 d 左右,含沙量 10 kg/m³ 以上时一次洪水历时宜达到 20 d 以上。来沙系数小于 0.003 kg·s/m⁶ 时,宁夏河道处于冲刷状态;来沙系数大于 0.003 kg·s/m⁶ 时,宁夏河道处于淤积状态。冲淤的临界来沙系数在 0.003 kg·s/m⁶ 左右。

9.2　建　议

宁夏河段河道冲淤演变较为复杂,影响因素多。目前河道水沙、断面等观测资料不系统、不完善,给河道冲淤规律分析造成了一定的困难。建议今后继续加强河道冲淤观测,汛前、汛后进行河道断面测量,持续开展洪水跟踪研究。

附　图

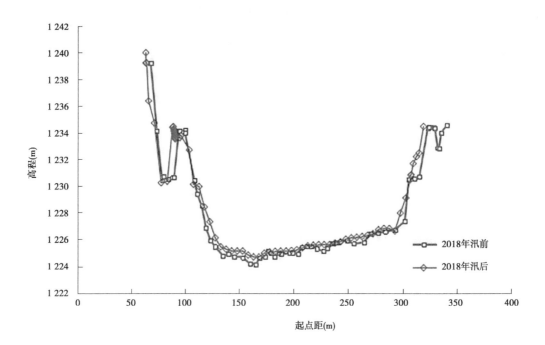

附图 1　WN01 断面套绘图

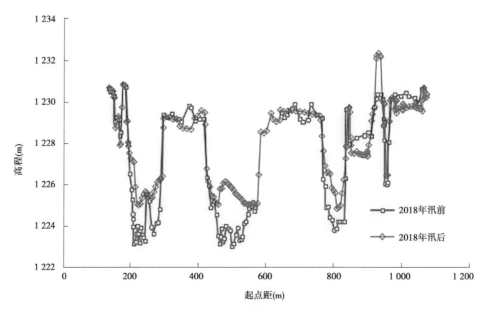

附图 2　WN02 断面套绘图

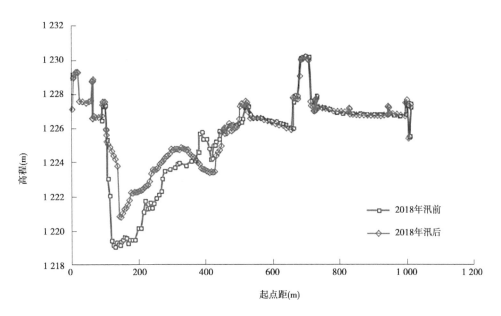

附图 3　WN03 断面套绘图

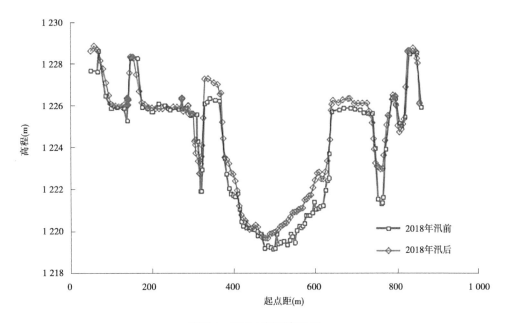

附图 4　WN04 断面套绘图

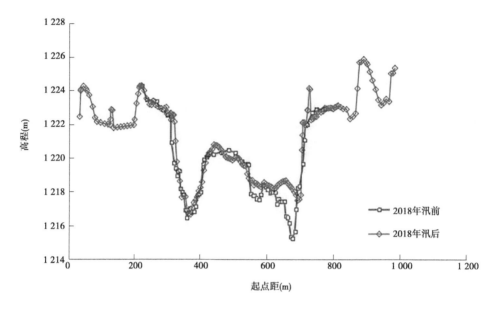

附图 5　WN05 断面套绘图

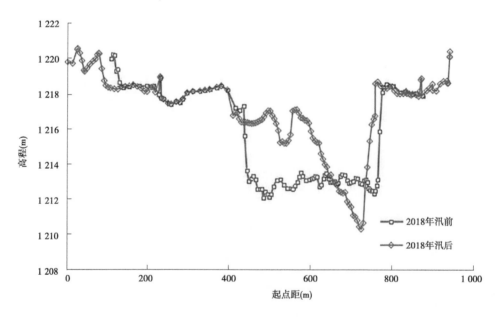

附图 6　WN06 断面套绘图

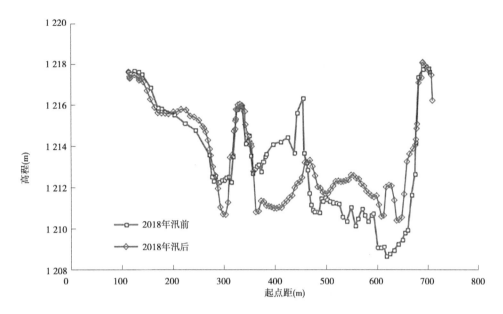

附图 7　WN07 断面套绘图

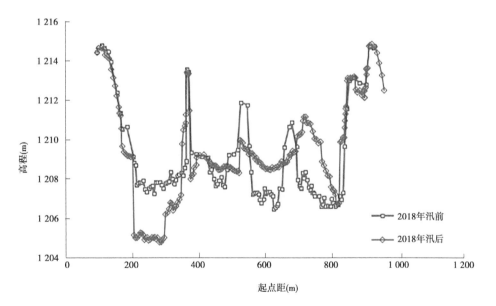

附图 8　WN08 断面套绘图

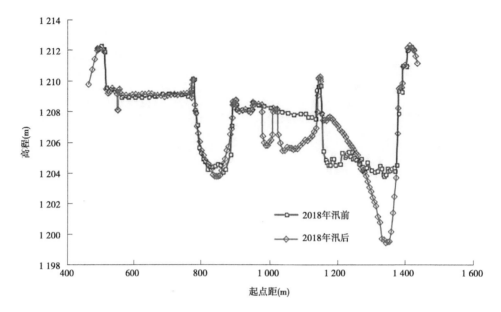

附图 9　WN09 断面套绘图

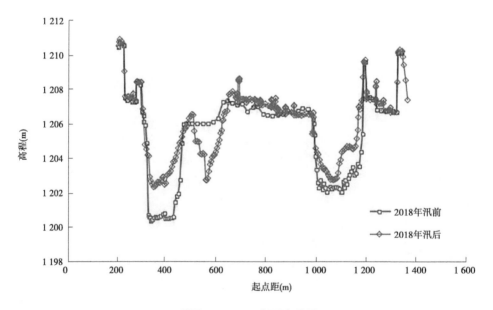

附图 10　WN10 断面套绘图

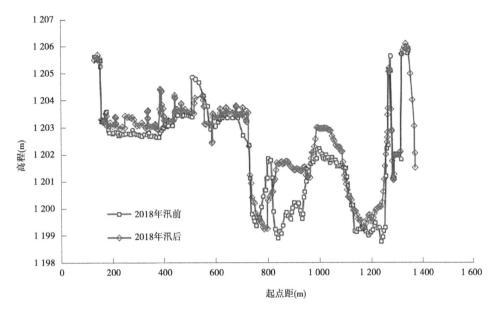

附图 11　WN11 断面套绘图

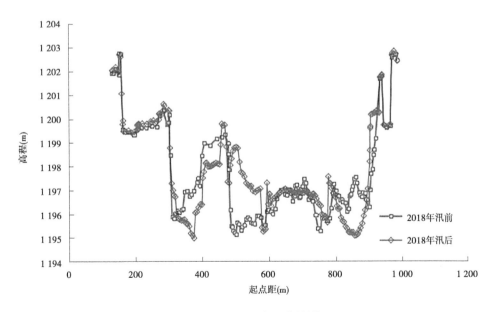

附图 12　WN12 断面套绘图

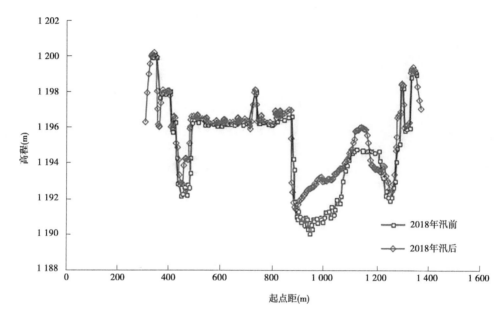

附图 13　WN13 断面套绘图

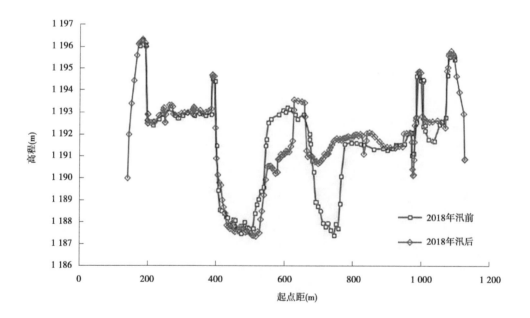

附图 14　WN14 断面套绘图

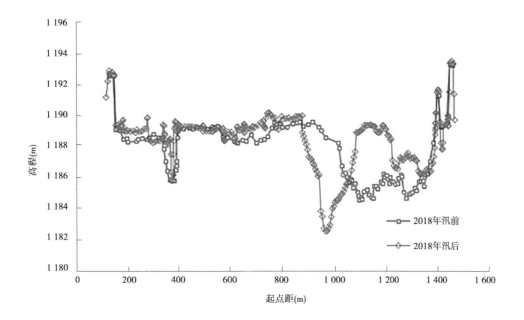

附图 15　WN15 断面套绘图

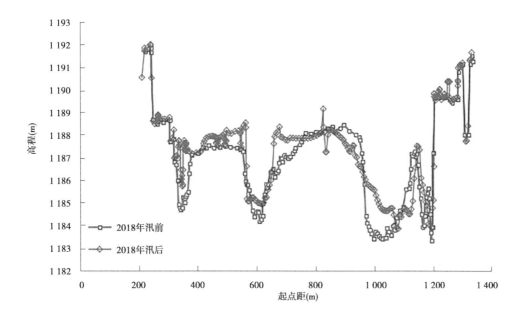

附图 16　WN16 断面套绘图

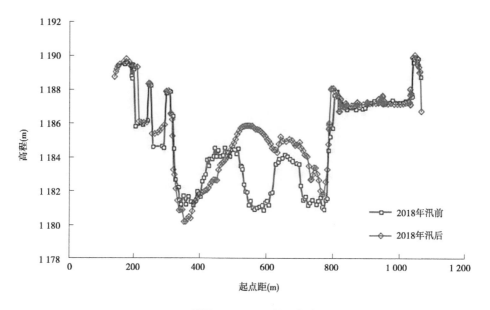

附图 17　WN17 断面套绘图

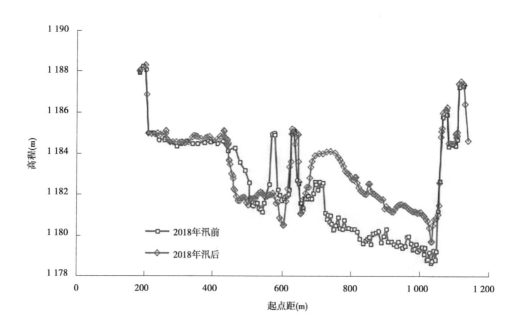

附图 18　WN18 断面套绘图

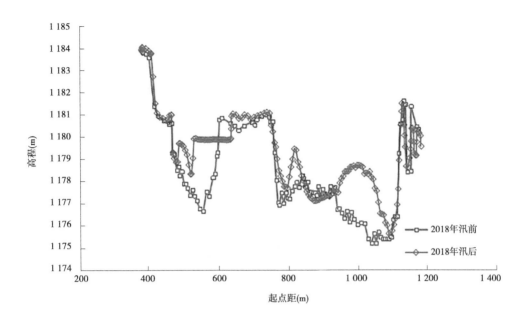

附图 19　WN19 断面套绘图

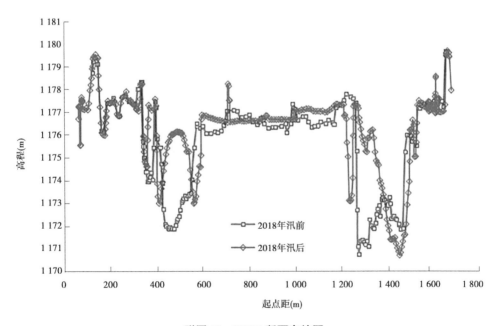

附图 20　WN20 断面套绘图

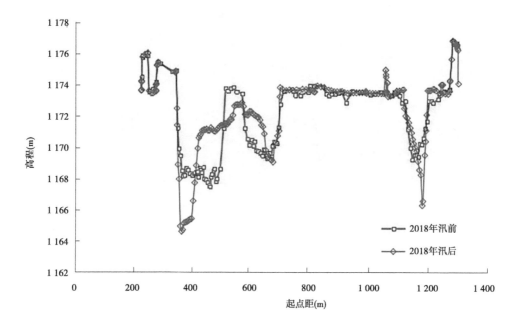

附图 21   WN21 断面套绘图

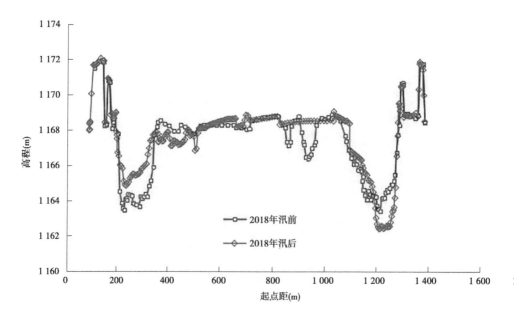

附图 22   WN22 断面套绘图

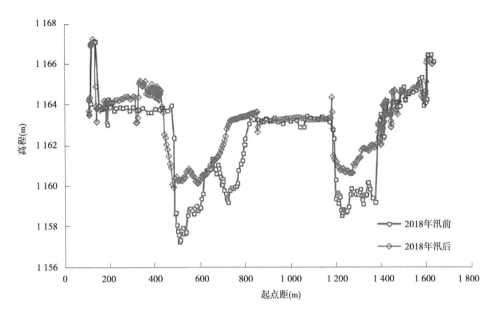

附图 23　WN23 断面套绘图

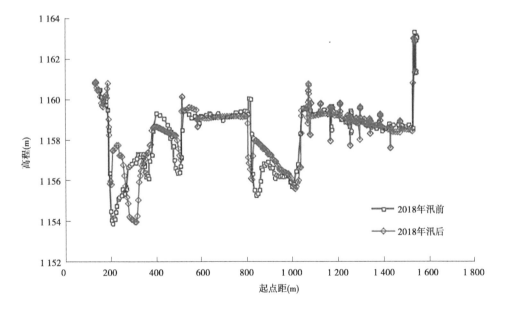

附图 24　WN24 断面套绘图

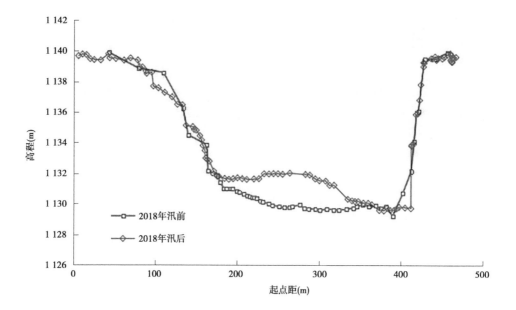

附图 25　QS01 断面套绘图

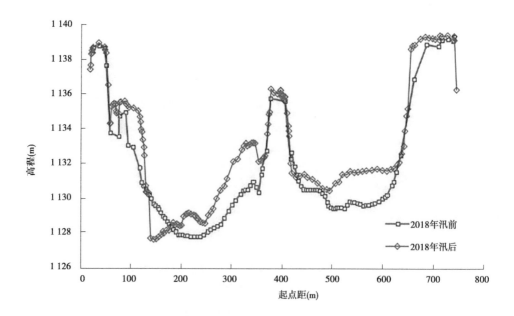

附图 26　QS02 断面套绘图

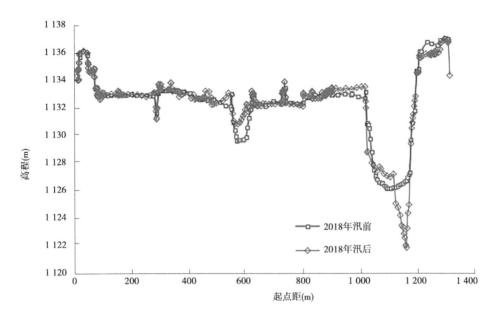

附图 27　QS03 断面套绘图

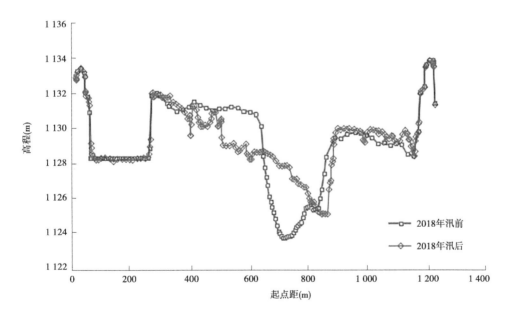

附图 28　QS04 断面套绘图

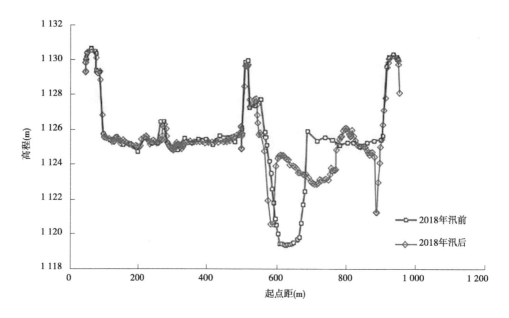

附图 29　QS05 断面套绘图

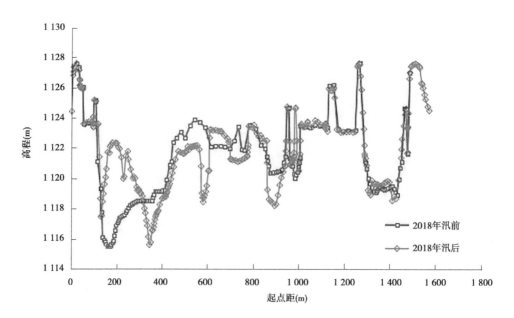

附图 30　QS06 断面套绘图

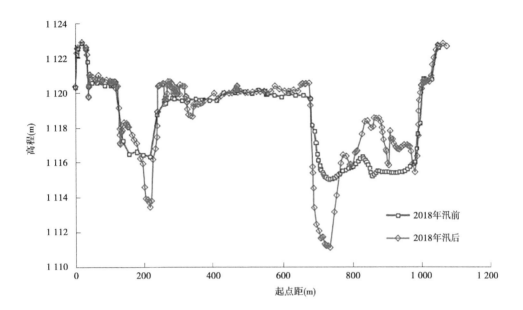

附图 31　QS07 断面套绘图

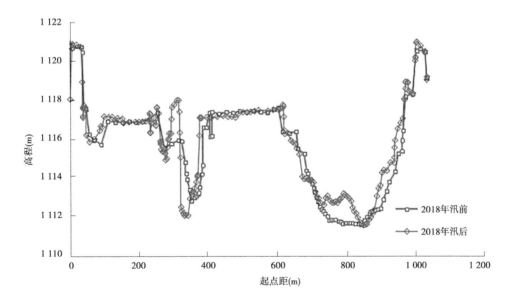

附图 32　QS08 断面套绘图

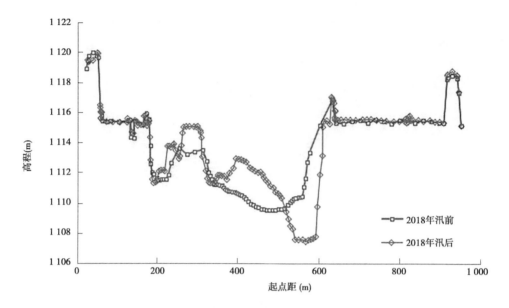

附图 33　　QS09 断面套绘图

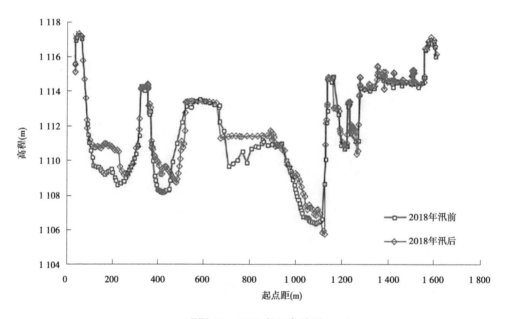

附图 34　QS10 断面套绘图

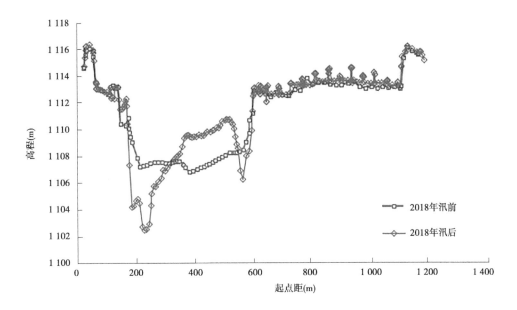

附图 35　QS11 断面套绘图

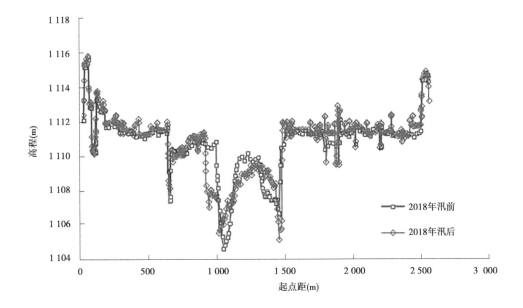

附图 36　QS12 断面套绘图

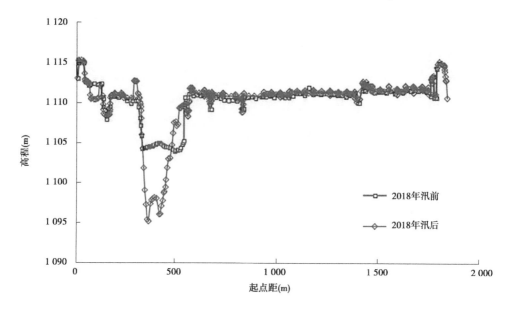

附图 37　QS13 断面套绘图

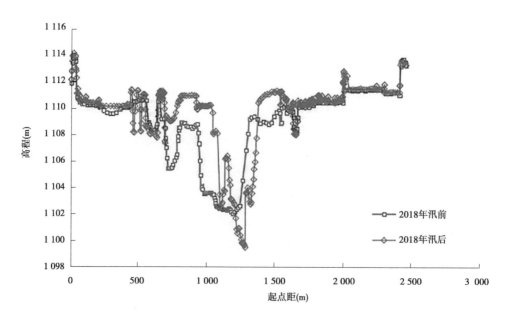

附图 38　QS14 断面套绘图

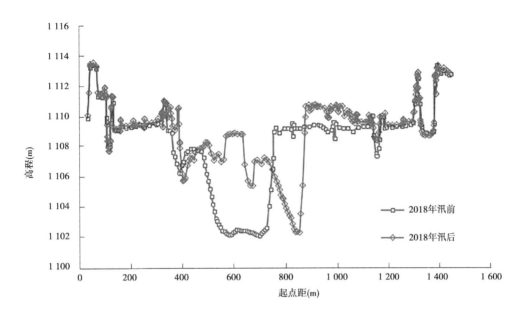

附图 39　QS15 断面套绘图

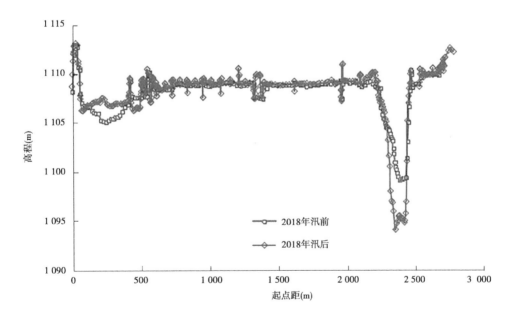

附图 40　QS16 断面套绘图

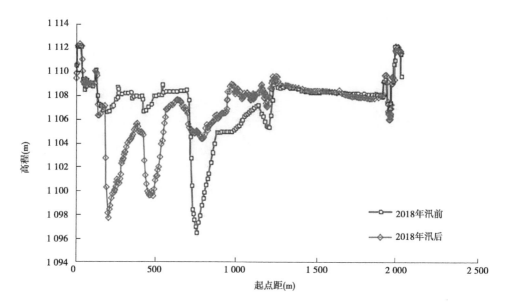

附图 41　QS17 断面套绘图

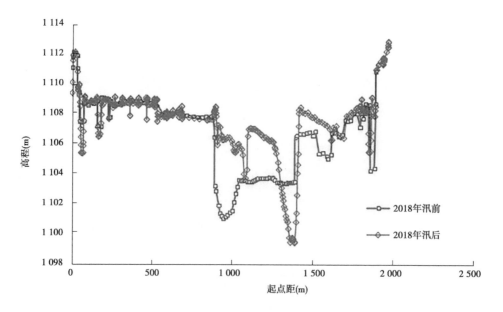

附图 42　QS18 断面套绘图

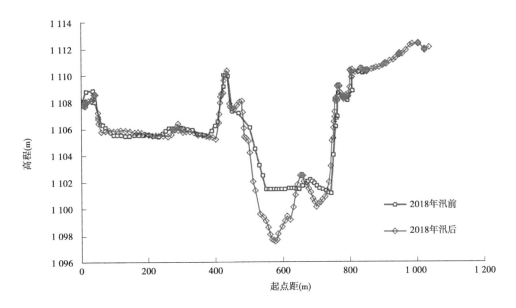

附图 43　QS19 断面套绘图

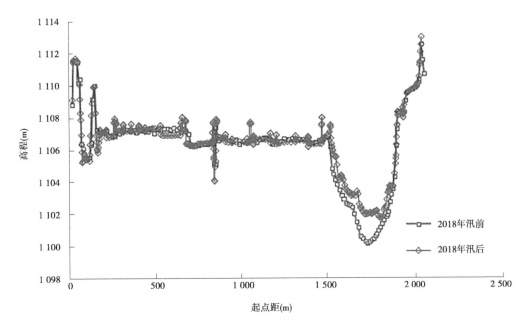

附图 44　QS20 断面套绘图

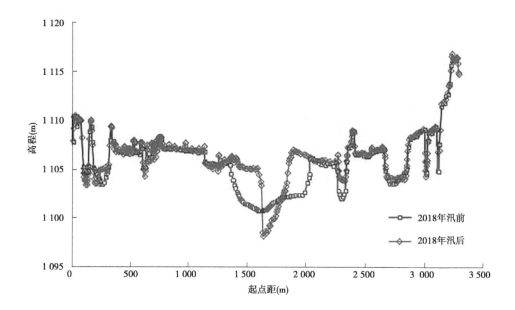

附图 45　QS21 断面套绘图

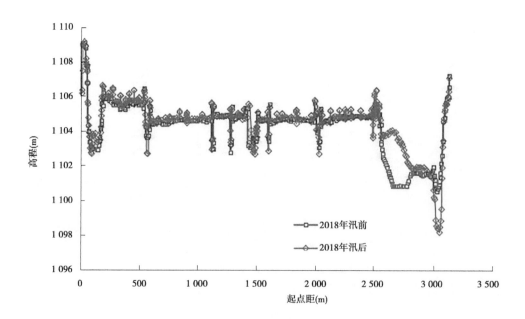

附图 46　QS22 断面套绘图

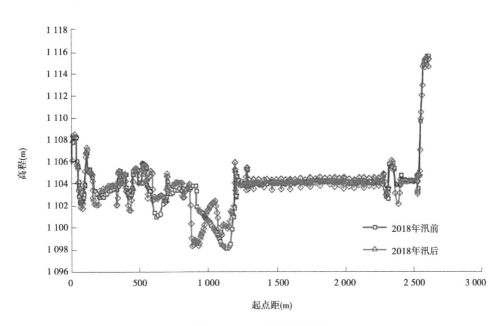

附图 47　QS23 断面套绘图

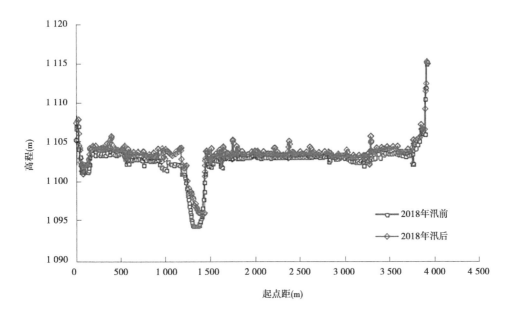

附图 48　QS24 断面套绘图

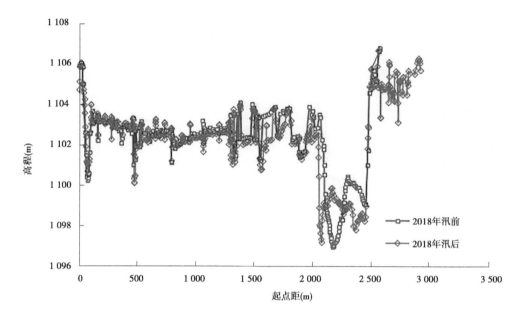

附图 49　QS25 断面套绘图

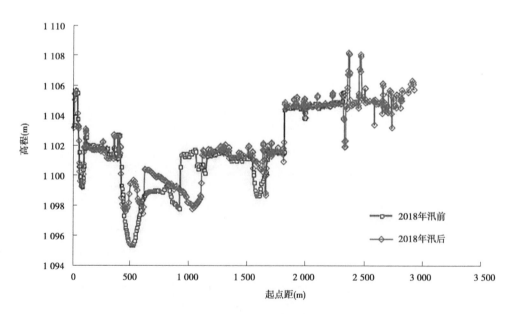

附图 50　QS26 断面套绘图

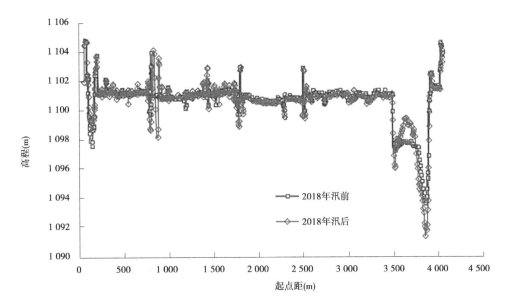

附图 51　QS27 断面套绘图

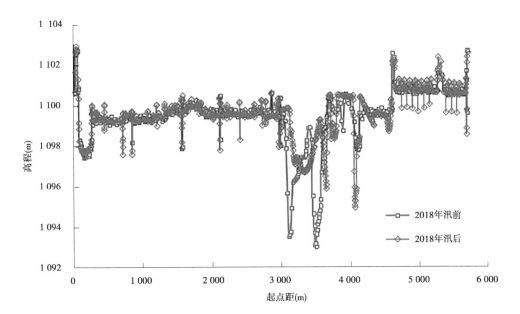

附图 52　QS28 断面套绘图

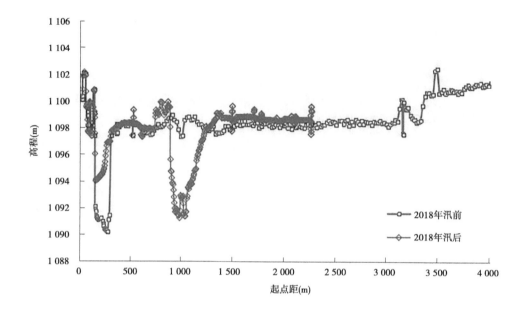

附图 53　QS29 断面套绘图

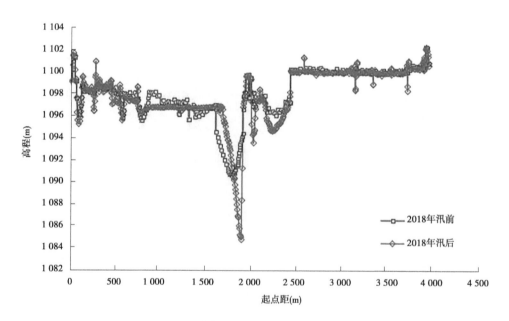

附图 54　QS30 断面套绘图

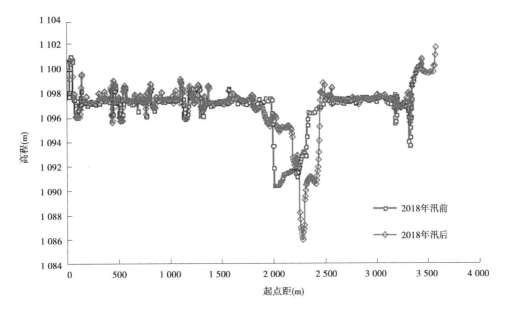

附图 55　QS31 断面套绘图

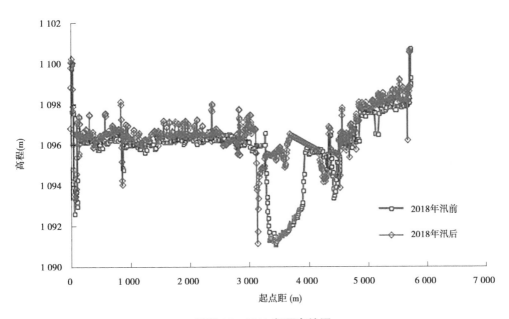

附图 56　QS32 断面套绘图

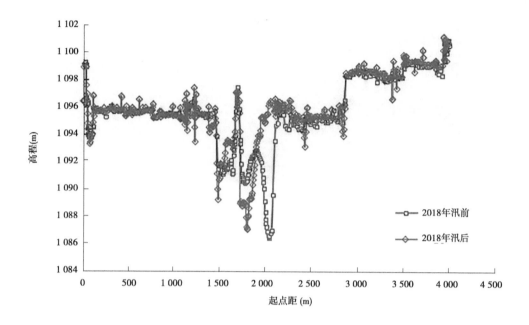

附图 57　QS33 断面套绘图

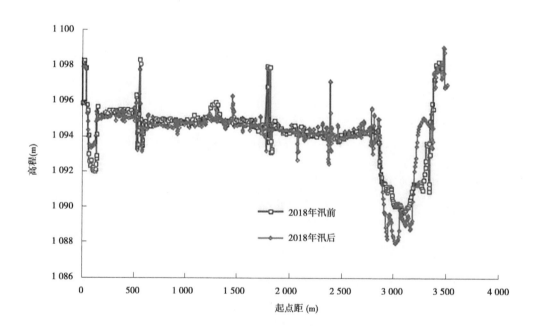

附图 58　QS34 断面套绘图

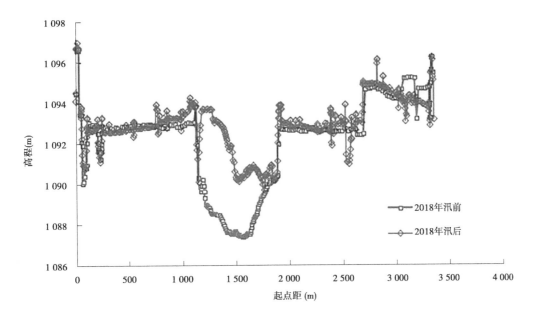

附图 59   QS35 断面套绘图

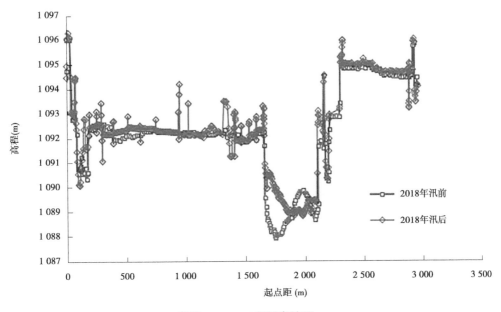

附图 60   QS36 断面套绘图

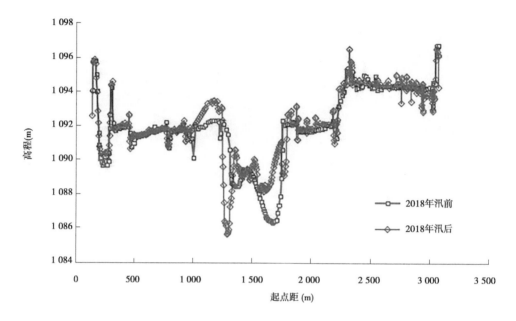

附图 61   QS37 断面套绘图

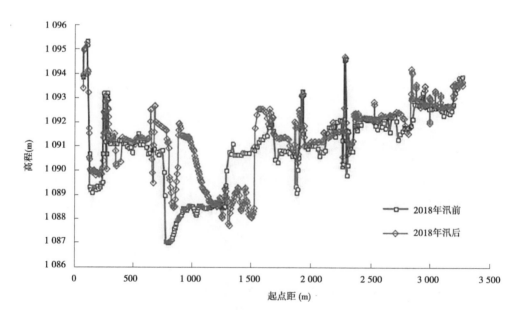

附图 62   QS38 断面套绘图

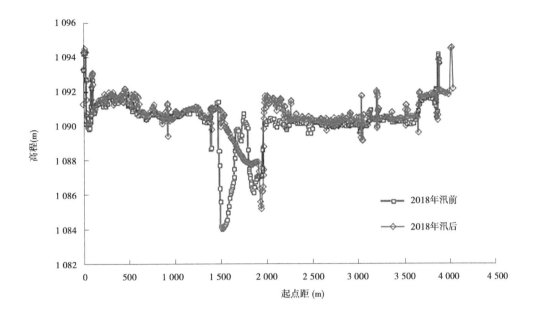

附图63　QS39断面套绘图

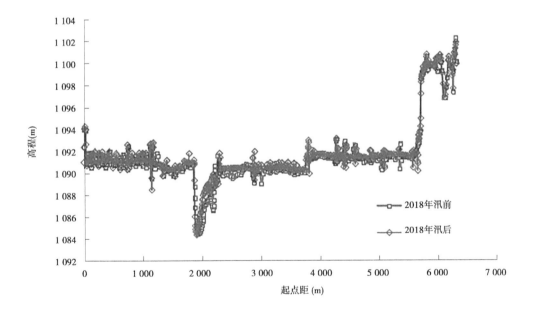

附图64　QS40断面套绘图

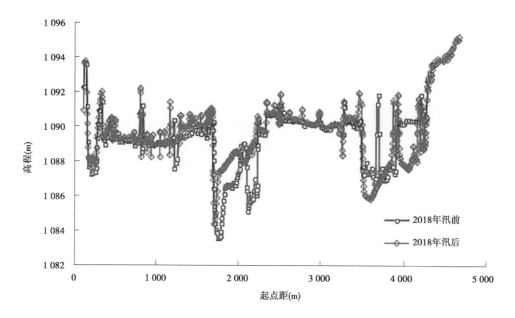

附图 65　QS41 断面套绘图

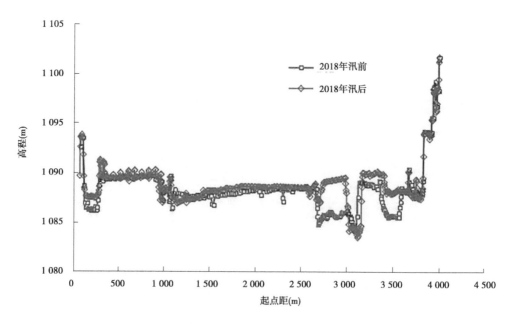

附图 66　QS42 断面套绘图

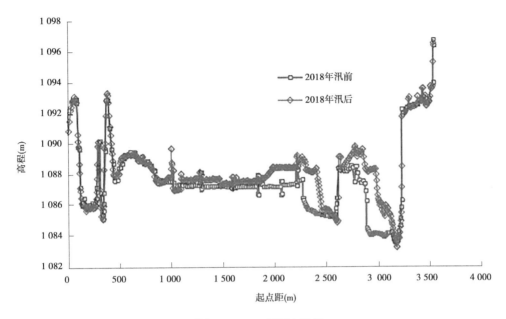

附图 67　QS43 断面套绘图

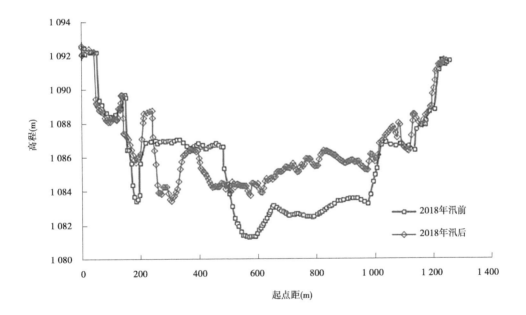

附图 68　QS44 断面套绘图

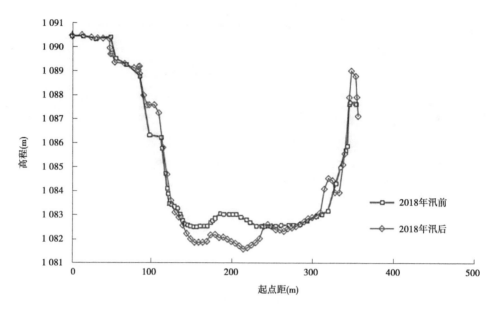

附图 69　QS45 断面套绘图

参 考 文 献

[1] 朱思远. 黄河宁夏段河道水沙变化及冲淤特性分析[J]. 泥沙研究,2014(5):54-58.

[2] 张晓华,张敏,郑艳爽,等. 2012年宁蒙河段洪水特点及对河道的影响[J]. 人民黄河,2014, 36(9):31-34.

[3] 尚红霞,郑艳爽,张晓华. 水库运用对宁蒙河道水沙条件的影响[J]. 人民黄河,2008, 30(12):28-31.

[4] 侯素珍,王平,楚卫斌,等. 黄河上游水沙变化及成因分析[J]. 泥沙研究,2012(4):46-52.

[5] 李雪梅,王玲,林银平,等. 龙刘水库调节对黄河上游汛期水量变化的影响[J]. 人民黄河,2008, 30(11):65-66.

[6] 田世民,邓从响,谢宝丰,等. 龙刘水库联合运用对宁蒙河道冲淤的影响[J]. 人民黄河,2013, 33(5):59-63.

[7] 姚文艺,侯素珍,丁赟. 龙羊峡、刘家峡水库运用对黄河上游水沙关系的调控机制[J]. 水科学进展,2017, 28(1):1-13.

[8] 张厚军,鲁俊,周丽艳,等. 黄河宁蒙河段洪水冲淤规律分析[J]. 人民黄河,2011, 33(11):27-29.

[9] 周丽艳,崔振华,罗秋实. 黄河宁蒙河道水沙变化及冲淤特性[J]. 人民黄河,2012, 34(1):25-26.

[10] 安催花,鲁俊,钱裕,等. 黄河宁蒙河段冲淤时空分布特征与淤积原因[J]. 水利学报,2018, 49(2):195-206.

[11] 翟家瑞,钱云平. 黄河宁蒙河段防洪形势分析与对策[N]. 黄河报,2006-03-07(003).